U0364131

陕西出版资金资助项目

兰宇 ◎ 著

陕西师范大学出版总社有限公司

图书代号　SK14N0319

图书在版编目（CIP）数据

陕西服饰文化／兰宇著．—西安：陕西师范大学
出版总社有限公司，2014.6
　ISBN 978-7-5613-7741-3

　Ⅰ.①陕…　Ⅱ.①兰…　Ⅲ.①服饰文化－陕西省
Ⅳ.①TS941.12

中国版本图书馆CIP数据核字（2014）第124608号

陕西服饰文化

兰　宇　著

责任编辑	巩亚男
责任校对	张　双　　王慧子
美术编辑	周　杰
封面设计	尚书堂
出版发行	陕西师范大学出版总社有限公司
	（西安市长安南路199号　邮编　710062）
网　　址	http://www.snupg.com
印　　刷	西安创维印务有限公司
开　　本	700mm×1020mm　1/16
印　　张	19
字　　数	243千
版　　次	2014年6月第1版
印　　次	2014年6月第1次印刷
书　　号	ISBN 978-7-5613-7741-3
定　　价	45.00元

前言

陕西是一个神奇的地方，其深厚的黄土养育着这里的一代又一代人，给生活在这里的每一个人的皮肤都染上了浓得化不开的黄颜色。整天和黄土打交道，你可能并不觉得它有什么特别之处，但是当你离开黄土地的时候，却会不由自主地深深地眷恋它，觉得它是那样的深沉，那样的质朴，那样的厚重，那样的伟岸，甚至于无比神秘。

三秦大地上星罗棋布的历史遗迹、气壮山河的自然与人文景观，都是独具特色并值得陕西人为之骄傲的。这里南北狭长、东西紧凑，以关中平原为中轴，以陕南陕北为两翼，像巨大的鲲鹏一般，展翅以待，形成了振翅欲飞的态势。这里有沃野千里、被称为"八百里秦川"的关中平原，是天府之地；有雄浑苍茫、像腰带一样缠绕在中华大地腰部的大秦岭；有美丽玉带般飘舞在关中平原腹地的渭河；有如繁星般点缀在黄土地上的帝王将相陵冢。陕南有深藏在如帐绿荫中的美丽村庄。陕北有沟壑纵横的黄土高原和茫茫的戈壁……丰富多样的自然环境造就了我们先祖世代繁衍生息的乐土，也构建了今天三千万三秦儿女栖息的美好家园，包蕴着我们历代三秦子民的梦想、汗水、喜乐悲欢、成败荣辱等生命内容。

早在公元前12世纪末，农耕时期初期，渭水流域的关中地区就已成为中国古代历史的中心舞台，先后有13个王朝在关中中部建都。另外还有西夏曾建都于陕北靖边一带。

周的崛起、秦的强大、汉的兴盛、唐的繁荣都是以陕西为起点和终点的，辉煌的周秦汉唐是陕西历史的骄傲，也是中华民族历史的骄傲。殷商时期，地处西陲的周人后来居上，其发展程度大大地超越了殷商文化。春秋战国时期，天下纷争，秦人迅速崛起，横扫六合，无敌于天下。汉承秦制，而汉文化更臻于成熟完善。汉代关中成为全国政治经济文化最发达的地区，在世界上也居于领先地位。唐代是我国封建社会历史上最辉煌的时代，首都长安成为开放性的国际大都会，当时同唐朝交往的有70多个国家和地区。长安城里，外国使节、商贾、学者、艺术家、留学僧、留学生无以计数。唐代也是中国古代文化发展的黄金时代，更在陕西古代史册上谱写出了最令人自豪的一页。宋元明清时期，陕西失去了国家政治中心的地位，但仍是中央政权控制西北、绾毂西南的政治重心，在政治军事方面的作用大于经济方面的作用。

陕西人在灾难深重的近代中国扮演着重要的角色。先进人士积极投身于变法维新运动；陕西是率先响应辛亥武昌起义的省份；游学京、津、沪、汉的陕籍青年知识分子是五四运动的中坚力量；马克思主义在陕西的传播，为后来陕北成为红色革命大本营奠定了思想基础和组织基础；"延安十三年"时期，陕北成为中国共产党的总指挥部及其参加抗日战争、进行解放斗争的总后方。陕西人民和革命志士在这一时期为中国人民革命的胜利作出了巨大的贡献，这是陕西人民的光荣。

新中国成立后陕西发生了翻天覆地的变化，由一个曾经辉煌又坠入低谷的落后的农业省，变成了我国内陆的一个新兴工业基地，这里既有深厚悠久的古代文化积淀又有高等教育机构荟萃、现代科学技术力量凝聚。现在陕西正沿着改革开放的路线，向小康社会迈进。

陕西是中华民族的发祥地之一，是中国古代历史的中心舞台之一，是人民革命斗争的策源地之一。蓝田猿人已显示了陕西古人类活动的足迹；西安半坡向我们展示了新石器时代氏族社会的全景；临潼姜寨遗址、宝鸡地区数百处仰韶文化遗存以及陕北仰韶文化遗存，都证明早在新石器时代，陕西已经具有农耕文明，为中华文明的肇始提供了物质基础。渭水流域是中华文明的摇篮，其出土文物中有一系列我国文化发端时期留下的遗痕，如出自半坡的农渔工具、谷物与菜种，最早的陶窑、炊具、陶文、土木建筑；出自姜寨的黄铜片、石砚等绘画工具，出自何家湾的骨雕人头像；出自周原的八卦符号微雕等。这些实物从某种程度上也印证了关于炎帝黄帝的传说。蓝田华胥有关于中华民族最高长辈华胥氏（她是女娲氏和伏羲氏的母亲）的传说，骊山有女娲炼石补天、抟土造人的传说甚至遗痕，还有女娲与伏羲兄妹成婚繁衍中华民族后代的传说故事等等。渭南白水、商洛洛南都有"仓颉造字"传说的遗迹存在……西周以后存留在地面或者典籍中的历史文明与文化，则补充了丰富的实物证据，证明陕西这块热土所孕育的文明历史的悠久和积淀的深厚。

《易经·贲卦·象传》中说："观乎天文，以察时变；观乎人文，以化成天下。"服饰是一种文化，文化影响和引导着人们的生活。陕西是中华民族传统服装的发祥地之一，服饰文化影响和引导着后世服装发展的走向。在陕西土地上出现的汉服、王莽巾、苏蕙手帕、唐装、百鸟毛裙、石榴裙等，都曾经辉耀于中国服装历史的天空。这些成就构成陕西服饰文化萌发、形成和发展的轨迹，更为其在当代的演变与创新奠定了深厚、肥沃的土壤。

Contents
目/录

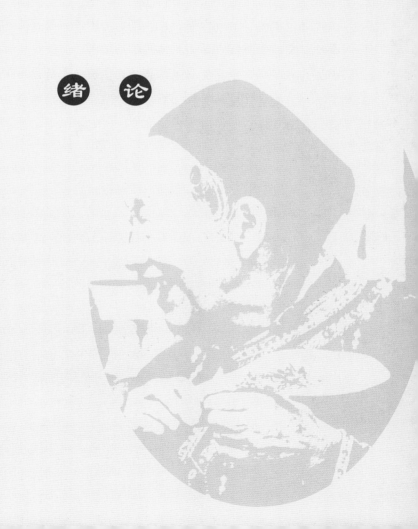

绪　论

　　陕西省地处黄土高原的中心地带。南有被称为"国家中央公园"的大秦岭，秦岭南麓有秦巴山地如明珠点缀；北有乔山山脉自西南向东北横亘而去，再往北有积淀更加深厚的陕北高原；东边以黄河、函谷关为屏障；西边以大散关、陇州为界，与甘肃毗邻。绵延近千里的关中平原是陕西的核心地带，这里土地肥沃、物产丰盛，孕育出关中人民淳朴敦厚的地域文化性格。

一、陕西文化的地域性特征

陕西境内多山多原多川，地貌特征鲜明。据古代典籍《禹贡》的记述可知，陕西在远古时代是古雍州所管辖的一部分。《禹贡》曾说过雍州"原隰砥绩"，"原"是指山原，"隰"是指低湿的地方，"砥绩"是指大禹治水取得成绩。"原"是黄土高原上特殊的地貌状态，地势高亢、顶部平坦。关中四面都有高山，中间以渭河、泾河为主要水系，而山麓与河旁平坦的高地一般都称为"原"（今多写作"塬"）。

《禹贡》是《尚书》中非常重要的一篇文章，虽然只有短短的1100多字，却意义重大。其主要内容讲的是治水问题，但在开篇首先提出中华所分"九州"，介绍了其山水地理、物产资源等，在宏观上以治水为主导，蕴含了如何对国家进行治理的思想。《禹贡》还提出了"五服"的概念，即国土以当时的京都为中心，由近及远被划分为甸、侯、绥、要、荒五个地区，统治者对这五服之域规定了不同的缴纳贡赋的要求。"五服"在这里是一个地理概念，但它是否也规定了在五个不同的区域内，人们的着装也不同呢？迄今尚无专家从这个角度做出解释。此联想是否合理，我们也就不得而知了。《禹贡》最后说："东渐于海，西被于流沙，朔南暨，声教讫于四海。禹锡玄圭，告厥成功。"[1] 大禹当时被赐予玄色的美玉，以表彰其治水的功绩，玄色的美玉，已作为标识身份高低的信符和服装联系起来了。

《周礼·夏官·职方氏》记载当时的人们以服制为标准划分京畿（即中央属地）与邦国（即各地方属地）之间的区别："乃辨九服之邦国。方千里曰王畿，其外方五百里曰侯服，又其外方五百里曰甸服，又其外方五百里曰男服，又其外方五百里曰采服，又其外方五百里曰卫服，又其外方五百里曰蛮服，又其外方五百里曰夷服，又其外方五百里曰镇服，又其外方五百里曰藩服。"[2] 西周时期，陕西特别是关中地区就属于王畿之地。

1. 顾颉刚、刘起釪：《尚书校释译论》，中华书局，2005年，第821页。
2. 杨天宇：《周礼译注》，上海古籍出版社，2004年，第485页。

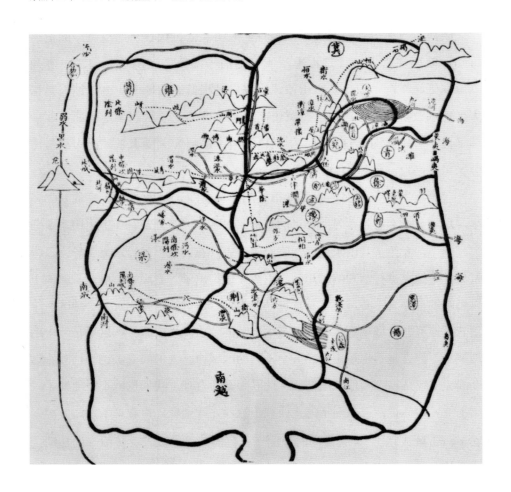

关中因处于函谷关、大散关、武关和萧关之间，故称"关中"。关中平原又被称为渭河平原，是典型的河流冲积扇平原，它地处陕西省中部，东起潼关，西至宝鸡，南倚秦岭，北接渭北群山，包括今西安、宝鸡、咸阳、渭南、铜川五市以及杨凌区等地。地势东西狭长，南北窄短，东西长300公里，南北最宽处100公里，最窄处仅20多公里，整体呈"新月"状，平均海拔高500米，总面积3.4万平方公里，号称"八百里秦川"。这里是中国最早被称为"金城千里，天府之国"的地方，苏秦曾称颂关中"田肥美，民殷富，战车万乘，奋击百万，沃野千里，蓄积饶多，地势形便，此所谓天府，天下雄国也"[1]。

清人胡渭的《禹贡锥指》一书在"原隰砥绩"条下辑录了关中各地的原多达五六十处。[2] 就渭河沿岸而言，从陇山以东起，有和尚原、石鼓原等，顺着渭河再往东，关中地形可谓原原相接，横亘百里，绵延不断。相对而言，渭河以北的原面积比较大，而且地势平坦；渭河南面的原被很多从秦岭山各个峪口流出来的大小河川所切割，形成了大小长短不一的条状小原。

关中东部和西部相比，地势较为低下，符合中国地理分布西高东低、以阶梯状递减的总情势。今天的关中平原东部在接近黄河一带地方有强梁原、商原等；关中中部长安一带原也很多，比如在渭河南岸、灞河以东有著名的铜人原，灞河以西有著名的白鹿原，浐河和灞河以西有乐游原，长安城北部有龙首原。此外，还有凤栖原、鸿固原、少陵原、风凉原、神禾原以及长安西侧的细柳原。岐山有大名鼎鼎的周原，咸阳有毕原。

周原早已成为关中文化主要的组成区域。远古时期原的面积都比较广大，和现在的地形是有所区别的，如关中西部的周原包含着现在宝鸡市陈仓区、凤翔、岐山、扶风、武功等几个区县广大的土地，还兼有千阳、眉县、乾县、永寿等几个县的小部分土地，东西绵延70多公里，南北宽达30多公里——一个原囊括了如今将近十个县的面积，可见其跨度之大。周原之中又分布着一些规模较小的原。原的规模大小各不相同，却都为一代又一代的"原上人"提供了生活栖息必需的场所，以其肥瘠不一的水土资源养育着为数众多的动植物。周原上积累了丰厚的历史文化资源，是关中文化非常重要的发源地，早期的农事也在这里早有呈现。在关中西部，有不少地方发现仰韶时期和龙山时代的遗址遗迹，这些遗址遗迹都集中在靠

1. ［西汉］刘向：《战国策》，中华书局，2007年，第26页。
2. ［清］胡渭：《禹贡锥指》，上海古籍出版社，2006年，第319—322页。

古雍州图，见《禹贡锥指》

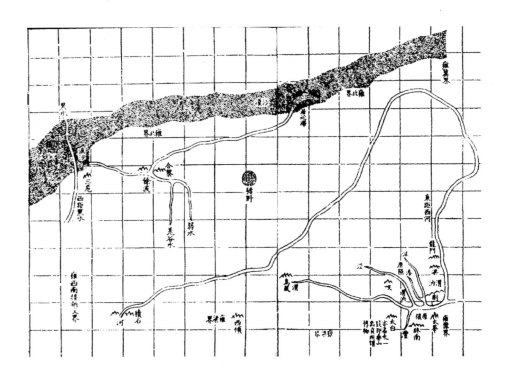

近河流、土地条件肥沃、自然资源丰裕的地方，有些地方不但水利条件良好，而且也有植被较好的小山脉。自古以来，周原上的人们就利用原平坦这一便利条件，从事农桑、畜牧养殖等生产活动。西周文明出现之后，有歌谣颂咏这里是"周原膴膴，堇荼如饴"（《诗经·大雅·绵》），说明这里土地肥沃，物产丰饶，人们过着富庶的生活，即使吃着野菜，也觉得生活甘甜如饴。汉代学者郑玄在注释这句歌谣时说："周之原地，在岐山之南，膴膴然肥美。"

关中平原以渭河两岸最为丰饶。相对来说，渭河北岸地域宽广，原的面积更大；渭河南岸靠近高峻广袤的大秦岭山系，水源众多，平坦的原被切割得很厉害，所以原数量多而面积较小，水土条件好，适宜于动植物的繁衍生息。因此，动植物种类和数量众多，为关中地区桑麻业及纺织业与服装制作的长足发展提供了优越的自然条件。近代形成的泾惠渠、洛惠渠和渭惠渠三大灌区，土地肥沃富足，盛产小麦等五谷和葛麻、桑蚕、棉花等作物，成为重要的服装原料生产地，也是今天中国三大产棉区之一——黄河流域产棉区的重要组成区域。

关中除了良好的原地地形，也有条件稍微差一点的隰地。隰地是指比原稍低一点的地形，它不如原平坦、开阔和广大，但也不影响人们居住生活和进行农业生产活动，只是需要经常排水。《诗经》中有不少作品里提到原和隰，比如著名的《大雅·公刘》就这样写道："逝彼百泉，瞻彼溥原。……度其隰原，彻田为粮。"意思是沿着溪泉的岸边走，凝望广阔浩渺的原野；勘察地势低平的原野，开垦成片的田地，种植并收获粮食。《小雅·信南山》开篇就写道："信彼南山，维禹甸之，昀昀原隰，曾孙田之。""信"在这里读"伸"，是延伸的意思；"禹"指大禹。这几句是的意思是说：茫茫终南山绵延不断，山脚下是大禹所开辟的地盘，成片的原野被开垦得平展整齐，后代子孙们在这里种田生活。终南山是苍茫大秦岭的一段，位于关中平原中心部分的南面，山下接邻关中平原富庶美好的地段。终南山下有原也有隰，南倚高峻的大山，北濒明净如练的渭水，中间有一道道从南山峪口泄流而下的小河流，为土地灌溉储蓄着最好的水利资源。

关中地区四季气候相对稳定，年平均气温介乎6～13℃之间，年降水量在500～800毫米之间，其中6～9月份降雨丰沛，占全年60%，是庄稼生长最好的时段，冬春雨水较少，适宜于土地休整。在《禹贡》中，关中的黄土被评定为天下土壤的上上等[1]，适宜于庄稼生长、人畜生息休养。经过历代人们的开发经营，土地平旷，水利资源日益丰饶，物产日益丰足。战国后期，郑国渠修好以后，这里更加地肥物茂，殷实富足。继秦国将都城

---

1. "厥土惟黄壤，厥田惟上上"，见顾颉刚、刘起釪著：《尚书校释译论》，中华书局，2005年，第737页。

建在这里以后，汉初张良又建议刘邦将国都定在此处，认为这里"金城千里，沃野万顷"[1]，是风水宝地、兴旺之地。以西汉为例，关中粟米的储备、牲畜的数量，在全国居于最前列，司马迁在《史记》中说，关中占全国面积的十多分之一，人口却占全国的十分之三，拥有全国十分之六的财富，充分显示了关中在当时全国的显赫位置。

原隰之地、四塞包围所形成的特殊地势，加上水土与气候的优势，关中被中国古代十三个王朝选为建都之地，被后世誉为"自古帝王都"，自然在长时期内成为全国政治、经济、军事、文化等中心。相应的，关中也成为纺织服饰业中心，引领了当时全国的潮流。特别是在汉唐时期，以关中为代表的陕西服装曾出现了历史上最为辉煌的景象，影响至深直至当今，"汉服"成为中国传统民间服饰的样式代表。

现在，陕南有高山和丘陵交错坐落的复杂地形，在汉水和巴山之间，谷地湖泊星罗棋布，只有比较小的地域形成平原，即汉中平原、安康谷地、商洛盆地等，远不如关中平原地形这么广袤、开阔。但是陕南纬度较低，临近亚热带气候，一年四季多雨温润，植被丰茂，水资源充沛，物产较为丰饶；而陕北则是黄土高原的特殊地形，沟壑纵横，一年四季缺雨而且干燥，相对于关中和陕南来说，是最贫瘠和荒芜的地方。但是，陕北也有关中和陕南所不具备的寒温带气候的优势，陕北山区适宜牛羊畜群生长，这为制作以羊毛为主打材料的保暖衣服储备了得天独厚的自然条件。

二、中华服饰源起在陕西

陕西服饰文化是中国服饰文化的组成部分，中国服饰文化最突出的特点就是：历代形成了关于服饰的一定的制度，即把穿衣戴帽和政治制度联系

---

1. ［汉］司马迁：《史记》（第六卷），中华书局，1959年，第2043页。

起来，这在世界民族服饰文化中是较为罕见的。穿衣着裳，要遵守一定的制度要求，不能随便穿戴，否则会乱了纲常。服饰制度正式兴起的时间，我们现在不是很清楚，但是从历史传说和有文献记载的情况看，大概是从西周时期开始的。有了服饰制度，穿衣就有了规范，当然也意味着对衣服的评价有了标准和尺度。

人类起源之初，服饰是什么状况，我们现在也不得而知。从一般的推理来看，生活在我国的最早的人类过着茹毛饮血的生活，以皮毛来御寒护体。70万年前，蓝田猿人已经进化成了直立的人，脱离动物群，逐渐向有组织的人类社会过渡。美国人类学家拉康德指出："直立人的骨架和咀嚼器官为他们以狩猎和采集为生提供了生物学上的证据，这是他们唯一的适应策略，直到距今1.2万—1万年出现植物种植和动物驯养。""生物和文化上相互关联的变化增强了人类的适应力——有能力居住和改造更大范围的环境。改进的工具帮助直立人扩展了其生存范围。"[1] 人类获得了能够直立行走的能力，就有了思想意识，有了羞耻感，进而有了爱美趋向，学会美化自我和表现自我。原始服饰出现在人类的世界里，其意义和作用也越来越大。我认为人类直立行走这一进化过程所产生的划时代意义，不光是强化了人类狩猎和采集的生存能力，更重要的是，"直立"直接和人类对服装的需要联系起来。我们完全可以这样推断：人类获得直立行走的能力以后，其阴部(包括女人的乳房)就直接暴露在同类的面前，出于羞耻意识与遮蔽保护身体的目的，服饰便成为必需品。至于装饰、美化自身，那是以后的事。《圣经》中描述亚当、夏娃偷吃禁果之后，心明眼亮起来，发现自己赤身裸体，于是他们躲进道路两边的树丛中，等出来的时候，两个人身体关键的部位都遮上了树叶子——这是遮羞最典型的例证。

人类最初赤裸裸地来到世界上，什么也没有，只靠毛绒绒的四肢生存，居住的地方是洞穴或树巢。随着进化，人类才逐渐获得奔跑狩猎、直

1. [美]康拉德·菲利普·科塔克，黄剑波、方静文等，译：《人类学》，中国人民大学出版社，2012年，第182页。

立采集的能力。原始服饰就出现于这个阶段。在旧石器时代晚期，人类逐渐发明各种具有不同用途的工具，比如用石头制作的刮削器可以用于刮削木头、骨头等物，还可以剥下动物的皮毛和植物的皮等。利用雕刻器、凿器、钻器等，可以在骨头、木头、石头等材料上刻槽、钻眼、打洞。于是，该时期出现了石刀、鱼钩、骨针等工具。石片、骨刀用来切割东西，鱼钩用来钓鱼，贝壳等则可以用以装饰。尤其是骨针的出现，说明当时的人们学会了穿线和用针线缝制衣服。[1] 到新石器时代，劳动工具极大丰富，打磨技术更加先进，缝制衣服的工具也更加光滑、精致和多样化，人们使用工具制作衣服的能力也就更强了。

有了穿衣的需求之后，就涉及衣料的问题。由于大自然的慷慨赐赠，人类的衣料可谓形形色色，种类繁多。动物的毛皮、鸟儿的羽毛、植物的纤维、鱼的皮鳞等，都是最原始和基本的制作衣服的原材料。因为原始人类大都以狩猎为基本生存方式，所以兽皮、鸟羽最容易被获得，加之兽皮、兽毛结实保暖，鸟儿羽毛装饰性强，它们也就成为人类原始服饰最基本最理想的取料。有的早期人类还用树皮、树叶做衣服。如古代波利尼西亚人穿的衣服叫"塔帕"（tapa），是用树皮做成的，做法是把树皮捣得薄薄的，再加工成柔软的料子，然后再按其自然纹样加工使其变得好看；印度有一种原始人群就被叫做"穿树叶者"；爱斯基摩人用枭鸟的皮和羽毛做成美丽衣服；日本北部的土著民族虾夷人用鱼皮做成衣服；中国的赫哲族人也用鱼皮做衣服，等等。[2] 陕西人最早的祖先也用树皮、兽皮、兽毛、鸟羽做过衣服，从人类学的角度来说，这是共通性特征。以植物纤维（比如葛藤、麻）等为衣料，这是人类进入农牧业时代以后的事。

要说具有陕西地域特色的服饰起源，还要先从整个中华民族服饰的起

---

1. ［美］康拉德·菲利普·科塔克著，黄剑波、方静文等，译：《人类学》，中国人民大学出版社，2012年，第195—196页。
2. 林惠祥：《文化人类学》，上海世纪出版股份有限公司上海书店出版社，2011年，第76页。

源说起。关于中华民族服装产生，有不少传说。战国时期《吕氏春秋》有"胡曹作衣"[1]，战国末年赵国史官编撰的《世本·作》有"伯余作衣裳，胡曹作衣"[2]。传说"胡曹""伯余"都是黄帝的大臣。西汉刘安在《淮南子》中对上古服饰的起源描述得更加详细具体："伯余之初作衣也，缘麻索缕，手经指挂，其成犹网罗。后世为之，机杼胜复，以便其用，而民得以掩形御寒。"[3]据考古专家研究发现，在远古时期，人们以兽皮为基本材料的"原始服饰"早已自成规模，中国服饰的源头可以上溯到原始社会旧石器时期的晚期。[4]

夏商以前服饰发展的具体情况几乎没有留下文字记载，但传说黄帝时代已有"衣裳"的概念出现。《易经·系辞下》有"黄帝尧舜垂衣裳而天下治"[5]，《通鉴外纪》说"（黄帝）作冕垂旒，充纩为衣，玄裳黄旁，观翚翟草木之花，乃染五色，为文章以表贵贱"[6]，《尚书·益稷》也说"帝（舜）曰：'臣作朕股肱耳目。予欲左右有民，汝翼……予欲观古人之象，日、月、星、辰、山、龙、华虫作会，宗彝、藻、火、粉米、黼、黻绨绣，以五采彰施于五色作服……'"[7]。

> 五采　即五彩，指青、黄、赤、白、黑五种颜色，古代将这五种颜色定为正色，其余颜色均为间色。同时也将五色泛指各种不同的颜色，比如"五彩缤纷"，就是指各种漂亮的颜色。

根据上述史籍中的记载，在伏羲、黄帝、尧舜时代，就已经有一套冠服制度了。传说中的黄帝时代可对应文化史上所说的龙山文化时期。这是

1. 许维遹著，梁运华整理：《吕氏春秋集释》，中华书局，2010年，第450页。
2. 周渭清点校：《世本》，见《二十五史别录·世本》，齐鲁书社，2000年，第66页。
3. [汉]刘安等编著，高诱注：《淮南子》，上海古籍出版社，1989年，第136页。
4. 沈从文、王㐨：《中国服饰史》，陕西师范大学出版社，2004年，第6页。
5. 周振甫：《周易译注》，中华书局，1991年，第258页。
6. [宋]刘恕：《通鉴外纪》，上海古籍出版社，1987年，第7—8页。
7. 冀昀主编：《先秦元典·尚书》，线装书局，2007年，第28页。

原始社会的新石器时期，人类衣冠服饰还不完备，还处于草创阶段，衣冠服饰制度更不会成熟健全。上述的情况只是文字记载的资料，可信度值得怀疑，尚无实物证据来证实。旧石器时代，人们在山里或田野采集食物、狩猎，在河里捕鱼，从而获得衣食来源，这样的活动必然要留下一些痕迹。北京周口店的山顶洞人遗址中发现了与服饰有关的具有缝制功能的骨针以及钻了孔的石珠、骨头、贝壳、牙齿等装饰品，这证明，距今大约两万年的山顶洞人，已经能够用兽皮等自然材料缝制简单的衣服了。沈从文先生认为，在山顶洞遗址中发现的这些物件可以看做"中国服饰文化史由此发端"的证据。[1] 中国由猿进化到直立人最早的证据之一在我们陕西的蓝田猿人遗址中。1963年6月，中国科学院古人类研究所科研人员在蓝田地区进行了广泛的古生物地质考察工作，他们在蓝田县城西北10公里的曳湖镇陈家窝子第四纪红色土堆积物中发掘出一个完整的直立人下颌骨化石，同时还发现了大量的哺乳动物化石，在距化石遗迹以北1000米的地方，还发现10件具有人工打制痕迹的石制品材料。第二年3月，蓝田考察队在公王岭遗址夹杂大量钙质结核红色砂质黄土层中发现哺乳动物化石，在清理化石时发现了1个头骨、3颗牙齿、1件下颌骨的人类化石，其后再次发掘时，又获得一些珍贵资料，并且在周围还发现了37处旧石器时期的文化实物，包含1000余件旧石器制品，证实了蓝田猿人已具备人类文化的雏形。[2]

在距今8000年前后，关中和汉中地区，出现了早期农业氏族公社，他们沿河或在接近水源的阶地、平原或山麓聚居，现存遗址如渭南的北刘、白庙，临潼的白家村、康家村，宝鸡的北首岭，长安的上路村等。临潼白家村包括两个自然村，东边是白家村，西边是南付村，合称白家村，隶属于今临潼区油槐乡。这个村落结构布局已完全部落化或氏族化，其村落、

1. 沈从文、王㐨：《中国服饰史》，陕西师范大学出版社，2004年，第7页。
2. 石兴邦主编：《陕西通史·原始社会卷》，陕西师范大学出版社，1997年，第20—22页。

制窑区、墓地、种植区、蓄养区一应俱全。在这里发现的遗迹既丰富又全面，典型地代表了关中文化的具体特点和内涵。人们在此地发掘出更多的石器、骨器、蚌器、角器和木器等，这些器物以石器和骨器为主。白家村人器物中穿刺用具已经比较多样化了，有针、锥子、兽角、牙、蚌壳（起到刀具作用）等。这些工具不但样品多，而且磨制得光滑、精致。针多为扁体扁尖状或圆柱体扁尖状，针体细长，另一端有孔，可以穿线；锥子是用野猪等凶猛动物的獠牙做成的，尖端磨制得细而尖锐，尖是扁形的，断面是菱形，长约5厘米；另外还有其他尖状用器，也都是用野猪牙做的，一般磨成光滑的斜面，使尖端呈楔状，这样的工具用来雕凿，尖锐锋利。这些工具对于缝制衣服来说是必须要具备的。

在距今7000至6000年之间，地球经历了冰川期之后最温暖的气候时期，年平均气温比现在高出3～5℃，黄河中游以及渭河流域气候温暖湿润，最利于人类文化活动和发展。半坡人利用这种良好的气候条件进行农业生产活动，创造出了比白家村人更先进的文化，使氏族公社达到了一个新的发展阶段，也就是繁荣的母系氏族社会阶段。半坡遗址散落在浐河和灞河之间，这里土地肥沃，物产丰富，自然环境非常优越。离半坡不远的地方还有姜寨氏族部落，其发展程度和半坡水平相当。这里东西和北面都有河流，南面是灞原与白鹿原，很适宜于人群居住和生息。半坡人和姜寨人通过耕种庄稼、采集果实、狩猎、捕鱼等劳动，过着较为富足和稳定的生活。他们以妇女为主力，过着"刀耕火种"的原始生活方式。他们的农业工具比以前更加先进，劳动工具有刀、斧、锄、铲等种类，生产力大大超出以前。劳动成果显著，不但陶器工艺水平很高，建造的房屋比以前也更先进，更宽敞。更为可喜和重要的是，这时候的纺织服装水平空前提高。考古人员在一些陶器上发现留有丝麻的痕迹，还发现用加工过的皮革和麻布制作的袋囊，这都是以前没有出现过的，由此可以想见半坡人的生活水平。半坡人的陶器以红色为主，还有少量的灰色和黑色，造型也形式多样，圆润精美，图文丰富，因为临近丰富的水源，所以，陶器图案以鱼

[新石器时代]陶纺轮
现藏于西安半坡博物馆

[新石器时代]石纺轮
现藏于西安半坡博物馆

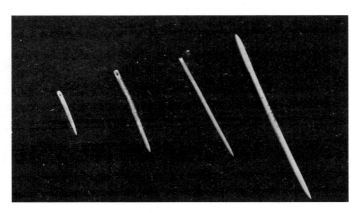

[新石器时代]骨针
现藏于西安半坡博物馆

形最为突出。其他日常用具也色彩多样，以红色和红褐色为主，纹饰更加复杂，有彩线花纹、绳纹、线纹、刻划纹、篮纹、编织纹、压印纹、锥刺纹，等等。

蓝田猿人还没有任何能力为自己制做衣服；白家村人已经进入部落阶段，但穿衣状况没有留下任何痕迹。而半坡人就大不一样了，人们制造衣服的能力已经很强了。他们的衣服主要是用兽皮和植物纤维织成的布做的，并在陶器上粘留下了布纹的痕迹，布纹有粗细之分，粗纹衣物像现在的麻袋，细的和现在的帆布相似。缝制衣服所用的骨针纤细精巧，数量很多，这些质料和用具等痕迹的发现，说明当时人们用布帛缝制衣服已经很普遍了。考古出土的实物证明，半坡文化属于黄河中游地区新石器时代仰韶文化的一部分，是北方农耕文化的典型代表。半坡出土的文物有石、陶制成的纺轮、骨针、骨锥等，当时纺织的原料有麻和葛，还有禽兽的皮毛等。半坡遗址出土的陶罐上印有布纹的痕迹和画有布纹的彩绘，另外，在陶罐的底部还发现有席子、麻布等编织物的痕迹，这些都证明了当时手工编织的纺织品已经比较普遍。半坡人们的生活水平和发展的程度在原始氏族社会已经相当高了。

服装制作使用的材料有兽皮、鸟羽、葛藤纤维、麻类植物等，装饰品的制作材料有石、陶、骨、牙、蚌、介壳、玉等，从形状上分有、环饰、璜饰、珠饰、坠饰、方形饰、片状饰、管状饰等。这些装饰品装饰的身体部位有头发、耳朵、脖子、胸口、手腕、手指、脚脖等地方，还有的粘贴、缝制或镶嵌在衣服上，我们可以想象，半坡人当时在服装穿着和身体装饰方面已有较高的追求。一般平民的装饰也许很简单，但是贵族或氏族首领的服装和服装配件可能会很讲究，从头到脚，一应俱全。

饰品中的环饰大多是陶制品，陶制环饰有些是平光的，没有花纹装饰，有些是外缘加了花边的。平光面的环饰其断面大部分是圆形，其余的是方形、三角形、菱形和椭圆形，另外还有多角形、半圆形、长条形、五角形等形状。外缘有花边的环饰比较少，其花纹有的是锯齿形状，有的是粗线条状。因为花边环饰工艺制作比较复杂，难度大，所以我们可以推测，制造数量越少，这种环饰价值就越高，有资格佩戴的人也相应较少。环饰主要是用作手镯，还有的用作佩饰和挂饰。除了环饰，还有璜饰，璜饰有石制的，也有陶制的，更珍贵的是玉石璜饰，璜饰用作胸饰，是当时

[新石器时代]陶器碎片上有以布压制而形成的装饰纹
现藏于西安半坡博物馆

人们所佩戴串饰中的主要饰物。

　　骨饰也是半坡人重要的饰品。骨饰样式大小不一，有的规则，有的不规则，而且参差不齐。骨饰被打磨得比较光滑，几十个甚至几百个串在一起，做成长长的项链挂在脖子上，或者做成手链、脚链作为装饰，有的人还把骨饰挂在腰间，这就需要把上千颗骨饰串起来，当做腰饰。考古者在姜寨墓葬中发现有一个年轻女子的骨骸旁就有腰饰、项链、胸饰等骨饰，由8000多颗骨质珠子组成，可谓"满身珠玑盛装，富丽堂皇"，这个女子有可能来自贵族阶层。在半坡遗址发现的另一个女子骨骸腰间和手腕上戴了60多颗串在一起的珠饰。还有一处遗址发现有两个女孩的合葬墓，她们的头部、耳朵旁边和手臂处遗留有785颗珠子，据推断，这些珠子大概是盘在头发上的发饰、挂在耳朵的坠饰和套在手腕上的腕饰等。人们用的坠饰大多都是用石头做成的，有的是耳坠，有的是串饰下面的坠饰。坠饰形状很多，有椭圆形的，有长条形的，有棒铲形的，还有磬形的，等等。坠饰不是穿孔就是刻成槽型，便于穿绳挂戴，质料多用精美的玉石和蛇纹岩等贵重的石料做成，也有用骨头刻成的。此类装饰品一般是妇女佩戴，但男子也有佩戴的。

　　早期的人类大都披散着头发，而半坡人已经有了发笄，发笄是古代人们束发的用品。半坡人多数是将头发盘在头上，并用石质和骨质的发笄把头发束住。已出土的彩陶纹饰上就有一幅人用发笄束发的图案。发笄具有两重功用，首先是实用功能，其次是美化装饰功能。在这儿发现的发笄有三种样子：一种是两头尖状，整体纤细光滑；一种是棒状，一端细尖光滑，柄端平齐，其中有几件是用蛇纹岩石做成，显得光洁美丽；还有一种是"丁"字形状，笄头小而细，柄端作扁平的丁帽状，尖端部分插在头发上，造型别致。

　　氏族社会时期的女人头上插着绿色或其他颜色的发笄，耳朵上坠着耳环或坠子，脖子上挂着骨质或珠玉、蚌壳等质料做成的项链，胸前佩戴上串饰，手腕戴上镯子或手链，腰间围挂上用珠子串起来的腰饰等，衣服还可以点缀些漂亮的贴片或者镶嵌其他饰物，这样的形象是多么迷人又充满光彩，即使在今天非洲一些原住民那里，这样的装饰仍然普遍而且时尚。

在关中渭河流域，除半坡人外，还有北首岭人、元君庙人、横阵村人、姜寨人、史家人等，它们共同构成了渭河流域文明，成为我们中华民族主要的发祥地之一。这些早期先祖的服装和半坡人的服装都是相近的，成为半坡人服装样式的补充。

从陕西历史发展的轨迹来看，在半坡文明之后，又出现了史家母系公社时期。史家文化遗迹有华县的元

带颜料的蚌壳片

[新石器时代]兽牙与贝壳做成的装饰
现藏于西安半坡博物馆

君庙、临潼的史家、华阴的横镇等处。史家公社是半坡公社发展到一个新时代并出现新的文化创造的历史时期，其劳动工具制作工艺水平比半坡跨越了一大步，品种也比以前多了，比如石制的刮削器、砍砸器、尖状器，还有磨制的斧、锤、磨盘、磨石，骨角器有锥、针、锤等。史家遗迹代表了母系氏族社会繁荣的状况。人们在宝鸡市以西20公里的渭河北岸二级阶地上发现了仰韶文化时期的福临堡遗存，这是母系氏族向父系氏族过渡时期的文化遗址，比半坡、史家文化更加先进。福临堡生产力空前发展，物质资料比以前更丰富，除部落规模扩大外，部落密集度增大，生产工具数量增多，做工精良，农业种植繁荣，男子在社会生活中起到更大的作用。工具更多是石制工具，而且还出现了弓箭，人们的狩猎能力空前提高。福临堡已经出现了最初的纺织业，纺织品越来越成为人们依赖和喜欢的日用品。这个时期人们的编织能力、纺织能力并相发展，当时制作衣物的布是用原始的织机织成的，还有用骨针穿线编织出的布。此外还发现人们常用

[新石器时代] 骨笄
现藏于西安半坡博物馆

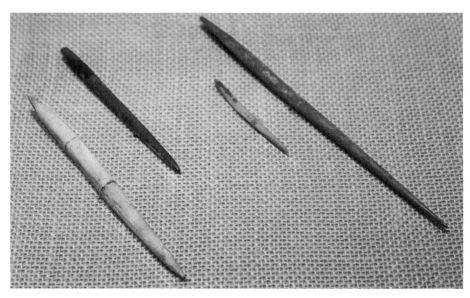

一种带槽的骨锥织布，这实际是最早的"梭子"。装饰品品种也越来越多，在福临堡发掘出的装饰或固定发型的发笄，有骨质的，也有石质的，有长条形的，也有十字形的，都磨制得十分光滑、精美。福临堡后期编织业和纺织已经比较普遍，人们用麻类植物纤维和兽类毛发编织衣物，缝制囊袋之类的用具。纺织工具有了陶制的捻线纺锤，形状是扁圆形的，中间有隆起的半圆造型，轮体的平面和侧边都有纹饰，呈现各种花纹，也有锯齿状的，工艺水平超过以前任何时候，证明纺织是人们生产中非常重要的内容。衣物采用的是缝纫和编织两种方法，用具是针和锥子，针和锥子纤细光滑，既好看又实用。

半坡人、史家人、福临堡人的服饰遗迹代表了原始社会母系氏族和父系氏族时期陕西服装有遗迹的最早的服装证据，为后来黄帝"垂衣裳而天下治"的服饰政治功能化、周代服饰制度的产生奠定了良好的基础，并且为中华民族传统服饰文化的生成作出了不可磨灭的贡献。

原始社会发展到一定阶段，部落有了酋长、巫师、卜人等，他们为了显示权威，和普通人有所区别，首先在衣服的穿戴方面已不同于一般人，比如选择宽大拖曳的款式，衣服上也有了一些特别的装饰，具体来说，在围猎活动或与外族的争夺地盘、生活用品，或祈祷、祭祀等活动中，主持人以及参与者的衣服就与常服不同，这些不但为服饰制度的产生奠定了基础，是原生性服装文化的先声，而且也成为中华服饰文化重要的发端。

三、陕西服饰的地域风格

陕西地处黄土高原的腹部，是中华民族文化的发祥地之一，自然孕育出黄土文化风情，民间服饰朴实淳厚，色彩选择以黄、黑为主色，辅以红、绿、蓝等亮丽之色，色彩凝重而活泼欢快，并且形成较为强烈的色调对比。陕南陕北不同的地域特色造就了陕西服饰丰富多彩的文化特色。

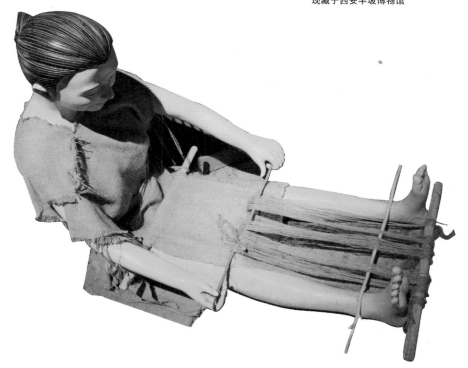

　　以近代为例，关中男子多穿对襟上衣，下裳为裙子，或者穿着长袍。夏天是长衫，平时要戴帽子，冬天则穿丝绒、羊皮或狗皮棉衣，上面再套上坎肩或者马褂，脚上穿黑色、蓝色靴子，布袜颜色稍浅一些（夏天多穿白色布袜子）。劳动阶层男子多穿大褂、长裤和老布鞋，劳动时间，人们会脱去比较讲究的外套，腰里、裤脚一般喜欢用带子扎住，脚上穿的是圆口布鞋，里面是白色粗布缝成的袜子，这样的装束，干起活来整齐利索。上了年纪的人，平时腰里都扎着深色腰带，缠三圈以上，腰后还会别上烟袋锅，有的老年男子喜欢把烟袋锅别在衣领上，这是关中服饰风情的表现。最具风情的是烟袋，皮烟袋最贵重，布烟袋讲究做工和绣花。如果家里有手巧的女人，就会把男人的烟袋做得很看好，把花绣得很漂亮，男人也会很有优越感和自豪感。

妇女多穿大襟或者斜襟衣服,一般为右衽。衣裤都是土布做成,色彩多以蓝色、青色、绿色、月白色、黑色为主,年轻妇女衣服颜色相对艳丽一些,富贵人家的女人多以鲜艳的绸缎衣服为主。富裕人家年长的妇女衣袖比较长,要盖住一部分手指,下摆掩住臀部,颜色以青、蓝、赭为主。上衣下摆和裤脚都要镶花边,还有的把花边镶在膝盖处,称为"腰镶",脚上穿木底鞋或靴子,鞋底较厚,显得高挑。年轻的少妇、姑娘们衣袖只掩住手腕,上衣下摆仅到腰部,颜色多为红、绿、花色,下身多穿大裆裤,外出时外面要罩上四面长裙。

右衽　衣襟右衽一般是汉族的标志,如果衣襟为左衽,均被认为是少数民族,封建时代称西北少数民族为胡夷。

陕西人所穿服装一年四季色彩分明,春秋和冬季普遍穿蓝色、灰色、黑色衣服;夏季多穿洁白或浅蓝色布衫,显得凉爽、舒心;寒冷的冬天多穿棉大褂,色彩以黑色、咖啡色、古铜色为主。经济条件好一点的人们,比如商人、郎中、先生、乡绅多穿长袍马褂、丝绸衣服,头戴青缎小帽。整天在土地上劳动的平民,多穿自家纺织的粗布衣服。

过去冬天比现在要冷得多,大人小孩都戴耳套。耳朵以桃形最为普遍,有的是用棉布缝成,有的是用毛线钩成,小小的耳套上还要绣上花鸟图案,首先起到保护耳朵的实用作用,另外从视角效果来看,精致、灵巧。冬天男人喜欢穿大氅,这是防寒棉大衣,平时披在身上,不穿袖子,头上再戴上黑绒或蓝绒帽子,脚上穿上大棉鞋,看上去都很暖和。

陕西各地由于自然气候和生活条件不同,习俗不同,衣冠服饰差异很大。

陕北人穿衣和宁夏,内蒙,山西太原、大同一带人们着衣相近。他们冬天穿的是毡皮袄袄——这是用羊毛擀制成的宽大上衣,人们外出干活或放牛羊时穿,既挡风又防寒防潮防雪,非常保暖实用。春秋时节,他们穿的是毡皮夹夹,这也是用羊皮毛擀制出来的,是背心的一种,保护前心后背，防寒防雨。皮夹夹毛向里，皮面向外，毛质雪白柔软鲜亮，皮面光洁、白净、柔润，穿在身上极其暖和舒适，陕北绝大部分人都有这样的衣服。陕北有钱人家多穿"净面皮袄"，这是把羊皮用皮硝、糜子面等泡熟刨光、晾干，再缝制而成的上衣、大衣。陕北人的内衣（毛衣、毛裤）多用羊毛线织成，绒质好，厚重保暖。男人女人冬天都要戴皮帽、耳套，腿上裹着羊毛皮擀制的软毡套裤保暖，手上套着用棉布做成的里面装着羊毛绒的筒袖取暖，脚上穿毡鞋或皮靴，里面装满羊毛，袜子也是用羊毛线织成的。

陕北人最富地域特色的服饰是头上系白羊肚手巾，腰里系红腰带——打安塞腰鼓的人就是这样打扮的——这是陕北人整体形象的外化象征。他们平时在黄土高原沟壑纵横的崖畔、沟垴劳动，由于气候干燥，常年少雨，经常遭遇尘土飞扬天气，常常满身土灰。扎在头上的羊毛肚手巾具有多种功能，既可遮挡灰尘，又可用来擦汗，悲伤时可以擦泪，天冷时还可以当做围巾保护耳朵冻伤，天热时苫在头上遮挡日晒，干重活时还能垫在肩头减轻压力。真是一物多用，深受农民喜爱。有些男子的羊毛肚手巾还是心爱的女子送的，所以它又是爱情的信物。可以说，羊毛肚手巾是陕北人精神的图腾。陕北人在头上扎羊毛肚手巾和河北人是有区别的：陕北人把洁白的毛巾朝前扎，像羊角一样，富于地域形象感；河北人把毛巾扎在脑后，像动物尾巴，和陕北人正好相反。

陕南人在穿衣上和关中、陕北形成迥然不同的风格。由于地处秦巴山地，多河谷盆地地形，一年四季多雨、湿润，气候温暖，这里的男人女人多着单衣、夹衣，衣服颜色亮丽，与其水乡环境和谐呼应，服色以蓝色、白色、红色、绿色为主。南方人心灵手巧，衣服多绣各种花样，衣边多做滚镶，多吸收楚湘文化、川蜀文化营养，服装以艳丽华美为突出特征，可谓缤纷多姿，情调盎然。陕南文化带有融合性，也有典型的包括羌族、苗族在内的典型少数民族村镇，所以服饰呈现出多样化风采。

陕北人大都有这样的毡皮袄或皮夹夹
佚名　提供

陕南山清水秀，各地移民与少数民族聚居，服饰风格鲜艳多彩
陕西镇巴　黄飞　提供

第一部分

陕西服饰的历史演进

黄帝之臣始作衣

——服饰文化的生发

　　陕西地区在很长的历史时期内，都引领着中国服饰的潮流，因为从黄帝时期起，这里就是华夏文化的中心区域，特别是由于后来的周秦汉唐等13个朝代在关中建都，这里自然成为全国服饰文化的中心和策源地。而当政权核心转移到其他地方时，陕西服装则起到传承作用。

传说时代

衣冠服饰，是人类生活史上极其重要的物质内容，它伴随着人类社会的生产力发展水平、物质文明、社会风俗、精神追求和审美观念的前进而同步发展演进。因为留存至今或有案可考的实物研究资料极少，我们对夏商以前人们着衣的情况知道得很少，只能依靠传说记载来推测原始社会时期人们着装的情形。

夏代以前被视为传说中的三皇五帝时期，跨越约10个世纪。在秦岭北侧骊山至蓝田一带，早就流传着中华民族的祖先华胥氏及其子女伏羲女娲兄妹的传说。传说女娲在骊山上抟土造人，炼五彩石补天，又斩龟脚以支撑起天的四极，帮助人们度过了洪水期。伏羲女娲为了繁衍后代、传承生命，又在骊山上以石磨相合为约，结为夫妻，由此中华民族生生不息。骊山至今还留有女娲娘娘传说的遗迹，比如传说中她居住过的洞穴即蟾蜍洞，后来新婚夫妇的新房也因此洞而被称为"洞房"。她教会女人做兜肚，用以贴身穿。至今临潼、蓝田一带女子出嫁时都要贴身穿兜肚，还要在上面绣上蟾蜍图案，以象征自己是女娲娘娘真正的后代。

中华民族的人文初祖黄帝和炎帝都曾活动在今陕西一带。《陕西通史》中说："炎黄部落崛起于陕西渭水流域的黄土高原，其筚路蓝缕的历史征程，是中华民族百折不挠精神的缩影。这种品格已经深深地烙印在中华文化之中，激励着每个时代的炎黄子孙。"[1]

关于炎帝,《帝王世纪》记载如下:"炎帝神农,母曰任姒,有蟜氏女,名女登,少典妃。游华阳,有龙首感之,生神农于裳羊山。"[2]炎帝曾活动于姜水即现在陕西渭水流域宝鸡一带,传说中他教会了人们耕种的技术,也教会人们如何利用草药治病,还教人们学会使用火照明、取暖、制作熟食,结束了茹毛饮血的历史。炎帝部族发展到较大规模时,其势力开始迁移:向东迁移的一支沿渭河、黄河、洛河进入华北平原和黄河中下游地区;向南迁移的进入长江中下游,深深影响了后来的楚文化,所以两湖地区至今流传着许多炎帝的传说;另一支则继续留在关中并向黄河下游发展,势力覆盖今宝鸡大部以及甘肃的平凉、庆阳等地区。炎帝的后裔姜原氏抚育出中华农业始祖后稷——其主要活动地区在今宝鸡武功,农业文明成为中华民族的命脉;炎帝在关中的影响还孕育出姜炎文化——其遗迹在今陕西西部,后来又衍生出先周文化,直至发展成"郁郁乎文哉"的周文化,为以后中华民族传统文化以及中华文明社会的形成做出了奠基性的贡献。东周时期,秦灵公已经在吴阳设畤[3]纪念炎帝。"炎"是"光"和"热"的象征,所以炎帝在宝鸡一带被拜为火神、灶神,至今人们在每年春节耍社火就是为了纪念炎帝。耍社火时服装很讲究,在表现神灵、戏剧人物时,就用迥异于现实的戏剧服装或想象中的神灵服装;在表现现实生活内容时,则用日常服装。

黄帝也出生于姜水,他靠自己的聪明智慧和非凡才干率领部族抵抗外来侵扰,努力发展经济,修德务政,安抚民众,设立文武制度,成为强盛部族的首领,被尊为华夏"人文初祖"。战国时邹衍创立了五德之说,以土为主德,其后依次是木、金、火、水,黄帝被视为五帝之首,属于土

1. 石兴邦主编:《陕西通史·原始社会卷》,陕西师范大学出版社,1997年,第312页。
2. [晋]皇甫谧编:《帝王世纪》,见《二十五别史》,齐鲁书社,1998年,第4页。
3. 吴阳,位于今宝鸡陈仓区东南。畤,古代祭祀天地五帝的固定处所。

[东汉]炎帝像
山东武梁祠石刻拓片

德，因土为黄色，所以被称为"黄帝"，以后中华民族也以黄色为主色，黄土地、黄肤色、黄衣服等，都是正色的象征。黄帝实力较炎帝更加强大，不断吸收、融合其他部族的力量，在黄河流域建立起最强大的部落势力，最终形成了华夏民族。黄帝和炎帝共同成为中华民族精神的象征。黄帝主要的势力是在关陇交界的地区，这个地方又叫轩辕，因而黄帝又被称为"轩辕氏"。古史传说黄帝带领部族"治五气"，向部族的人们"传五艺"，教部族人们做陶器，还教人们造车、打井，等等。

传说黄帝活了110岁，驾崩后被安葬于其故乡，即今陕西北部的黄陵县桥山，于是黄陵的桥山成为中华民族每年清明节祭奠黄帝的神圣之所。传说黄帝不但确立了中华民族最早的文化礼仪制度，还确立了中华民族最早的服装礼仪制度。文化礼仪制度和服装礼仪制度在周代初期得以具体实施。

中国是世界上最早饲养家蚕和纺织丝绸的国家。传说五帝时已有了服饰文化的概念，即"黄帝垂衣裳而天下治"。还有一个关于黄帝与服饰的故事流传下来：在一个春天的早晨，黄帝到某地察访民情，经过一户人家的院子时，看见一位年轻女子穿着非常华丽的衣服，就禁不住走上前去，问女子穿的是什么衣服，这么漂亮。女子说是丝绸衣服。黄帝很好奇，就又问丝绸是什么东西。女子正端着一个箩筐，指着箩筐里面的绿叶说：这是桑叶，桑叶喂大的蚕吐出丝，丝经过加工后织出的衣服就是丝绸衣服。后来黄帝娶了这个女子为妃，就是后来人们熟知的嫘姐。黄帝命她教天下的妇女种桑、养蚕、缫丝、做衣服，使天下人都有漂亮衣服穿。这个故事可被视为是最早的服饰文化案例。

从本质意义上说，远古传说时期的服装只是后来有案可考的服装的猜想阶段，这个时期的服装只起到遮身护体的实用作用，而未进入真正有文化蕴涵的阶段，也谈不上具有审美装饰的功能化作用。所以，这个漫长时期的服装还未上升至精神文化的层面。

[东汉]轩辕黄帝像
山东武梁祠石刻拓片

一

　　原始社会经过数万年的发展演变，最终出现瓦解局面，在其母体内催生出一个新的社会发展形态——奴隶社会。奴隶社会的第一个王朝是夏朝。夏朝是较为漫长的奴隶社会的第一个历史时期，经历了从大禹到启，最后到夏桀灭亡，共470年的历史，没有文字资料留下，遗存的物质资料也极少。关于夏代服饰发展的情况，我们只有参照传说和后世文献进行推论。

　　回顾历史可知，在新石器时期，生活在黄河中下游的氏族部落和部落联盟建立了我国第一个国家政权——夏朝。夏的中心区域在山西南部和河南西部，称为"王畿"；统治范围西至有扈氏（今陕西户县）一带。今陕西位于夏朝王畿的西邻，地域接近，地缘关系密切，经济、文化、服装等与"王畿"之地差距不大，当时还没有出现具有特定款式和名称的服装，正如《礼记·礼运》所说的那样："昔者，先王未有宫室，冬则居营窟，夏则居橧巢；未有火化，食草木之食、鸟兽之肉，饮其血，茹其毛；未有麻丝，衣其羽皮。后圣有作……治其麻丝，以为布帛。"[1] 北京大学考古教研室于1980年发表了《华县、渭南古代遗址调查与试掘》报告，证实华县南沙村遗址与夏朝王畿地区的"二里头文化"相近，

---

1. ［汉］郑玄注，［唐］孔颖达疏，龚抗云整理，王文锦审定：《礼记正义》，北京大学出版社，2000年，第779—780页。

[东汉]大禹像
山东武梁祠石刻拓片

是夏文化遗址的组成部分。[1] 夏代虽然很少留下服饰的实物，但是在《尚书正义》中已经有了"冕服"的概念。当然，《尚书》毕竟产生于周代，对其进行订正、注释、阐释等，也是在周代及汉唐时期，校注者没有亲身生活在夏朝，自然也不会知道夏代的服饰是什么样子了。

在原始社会，人们的衣着都是由"衣韦皮"开始，经过相当漫长的演化，到了夏商时期，由于物质财富的不断积累，人们渐渐学会织染五彩缤纷的丝绸锦帛衣服，同时由于文明程度的不断提高，人们不但要求衣服材料高档化，而且也越来越注意衣服的样式色彩了。《尚书·禹贡》中记叙全国被划分为九州，各州都把当地的特产作为贡赋上贡给京城，其中用竹器盛放着的丝和丝织品来自兖州、青州、徐州、扬州、豫州和荆州六州。扬州地区上贡的丝织品称为"织贝"，根据汉代学者郑玄的解释，"织贝"是一种锦，织成之前先把丝线染成各种颜色，然后再摹仿贝壳表面的花纹织成美丽的锦帛。《诗经·小雅·巷伯》就有"萋兮斐兮，成是贝锦"之句，"萋"与"斐"均指文彩交错，贝壳图案也非常精美。在原始社会生产力非常低下的情况下，扬州已有了"织贝"这样复杂的丝织物，这是很难让我们现代人相信的，但是从文献和出土文物来看，当时已有人能够利用自然植物材料与染料纺织和印染丝织物，这表明我国丝织与印染技术的早期发展水平比较高。《禹贡》中虽然没有提到雍州的丝织物，但是后来的历史发展事实证明，陕西的丝织业在古代也是相当发达的，这以后还会说到。

二

公元前16世纪，夏东边紧邻的一个方国——兴起于黄河中下游的商部落逐渐强大起来，其国君商汤最后推翻了荒淫、暴虐的夏桀，灭掉了夏朝，建立了强大的商王朝。商部落祖先契与舜禹大约同时，早期时常迁徙，在成汤时期主要活动于今冀南、豫北一带。商代统治的区域比夏代更广阔，政治、经济、文化承袭夏朝，商朝有了较为发达的文字，当时华夏族及其四周其他民族的活动、事件，均记载在甲骨文中。商代对陕西的统治和影响范围北起陕北绥德，南至汉水上游的城固，西起长武以东，东至黄河西岸。主要遗址有今陕北绥德的堰头村、薛家渠，清涧的张家圪、解家沟，子长的柏树台等；陕南的城固；关中的西安田王、蓝田怀真坊、铜川三里洞、岐山京当等。由于布料比起瓦当、石器、骨器之类，更难长久保存下来，因此很少有服饰的实物遗迹可考。

商代中心一直在河北、河南一带，其都城多次迁移；周人的势力则在陕西关中西部默默发展，多年之后终成气候。商代以方国为核心联盟，前期各代君王都精明强干，富于统治经验，因此"诸侯毕服"。

到了殷商时代，人们已经比较熟练地掌握了丝织的技术，并且各地有了不同水平的纺织机，而且发明了提花装置机械，能够织出许多精美华丽的丝绸用品，为我国以后几千年丝织工艺的发展，奠定了坚实的基础。

从历史文献资料看，商代服饰材料主要是皮、革、丝、麻等，由于纺织技术的不断发展和改进，丝麻织物已经在人们的生活中占有非常重要的位置。商代的人们已经能够织造出很精细、很薄的丝绸品以及提花几何纹的锦、绮等名品，奴隶主和贵族都穿着色彩华美的丝绸衣服。

锦　丝织物类名，古代多彩提花的丝织物，指用预先染色的桑蚕丝作经纬，采用缎纹组织提花织成，纬丝的颜色在三种以上，具有大花纹，色泽瑰丽，花纹精致古雅。古人有"织采为文""其价如金"的说法，所以起名为锦。

绮　是有花纹的丝织品，古代把平纹地而起斜纹花的单色丝织物称为绮。据《说文解字》注释，有花纹的缯即为绮(古代丝织品总称为缯)。

可惜的是，遍查古代文献资料（包括典籍、传说轶史以及文人散记资料等），我们都见不到关于服装制作工艺方面的记载。但是关于服装礼仪制度、服装等级讲究确实有着普适和严格的规定。从夏代开始，中国社会就把人分为不同的等级，上自天子王侯，下至黎民百姓，哪些人在什么场合穿什么衣服，包括款式、颜色、质料等，都有非常严格而且明确的规定，人的地位差别、等级贵贱，一看衣服就能判断出来。商代的服装是典型的上衣下裳模式。商代贵族所穿的礼服上衣讲究以青、赤、黄三色为正色；下裳则用间色，缁、赭、绿三色都是间色。人们日常家居通常穿着本色服装，又叫缟衣。另外还有以绿衣、缁衣为常服的。尊贵的人穿着华丽讲究；低贱的人穿着就简陋随便。所以古代总体的服装特征是"贵人先贵衣"，这个准则在我国奴隶社会和封建社会流行了至少三千多年。

据殷商甲骨文考证，"衣"是殷人上衣的形状，人们的上衣基本都是交领窄袖式短衣。殷墟墓出土的跪坐人像都穿交领上衣，和甲骨文"衣"字相合。殷人还将兽皮裁剪缝制成直领的上衣，甲骨文"裘"字就是裘皮大衣的形象。当时上衣或织或绣各种花纹，领边袖口用花边装饰，腰里系宽带，肚子前面垂挂一副兽头纹样的韨，下面穿裙裳。韨，就是古代文献所说的"蔽膝"，即围裙。在夏商奴隶社会，把身前这种挂饰作为权威的象征，用不同的质料、颜色、花纹等来区分各人的等级。结合考古出土的文物看，商代人已经开始穿裤子了，但是当时的裤子是不连裆的，所以要用下裙来掩饰遮挡。

商代男子头上戴的帽子基本制式呈短筒形状。奴隶主等贵族戴的是弯曲的高冠，上面还装饰着许多珠玉，也有的是用小玉鱼编成一组装饰物戴在头发上。可见商代贵族的帽子是很讲究的。商代男子通常要编辫子，从右向左盘旋一圈固定在头顶。妇女则是把头发盘成发髻固定在头顶，插上簪子，梳头发的时候在发髻上横穿一根长骨簪，或者用美玉做成双笄，顶端用雕刻的鸳鸯、凤凰等吉祥禽鸟花样装饰，而且是两两相对地插在头顶上，脖子还要挂上一串杂色闪光的玉石、珠子项链，非常漂亮。

陕西服饰文化

甲骨文"裘"

[商]跪坐玉人像
河南省安阳殷墟妇好墓出土，
现藏于中国社会科学院考古研究所

商代的年轻姑娘一般是把头发向上梳成发髻，或者卷发齐肩，自然垂下来。小女孩把头发梳成两个树杈形状的丫角儿，取名为丱角。平民和奴隶阶层的发式有的梳成羊角状斜旋着盘在头顶，有的梳好后从头顶向后垂成短辫子，也有的把头发剪成齐颈短发，自然垂下。这些不同的发型，反映了商朝不同阶层人们衣着的差异性存在。

商朝人们的衣服颜色都比较厚重，主要颜色是丹砂，此外还较多地使用植物染料，比如槐花、栀子花、栎斗以及草类比如兰草、茜草、紫草等，为服装材料和纹饰的美化提供了很好的辅助条件。

下裳 中国古代最初服装穿着形式都是上下配套的，不同于后来有了深衣才穿上下一体的连属衣裳。上衣在商周基本是窄袖短身，周代以后出现长大宽博的衣服样式，下裳（音常）即裙，用以遮住下面的开裆裤，一般以宽带束住腰部。秦汉以后，上下则以衣裙、衣裤两类套装交叉穿用，前者以襦裙为主，后者以袴（音裤，就是今天的裤子）褶为主。

间色 亦称"第二次色"。由红、黄、青（蓝）三原色中的某两种原色相互混合的颜色。在调配时，由于原色在份量多少上有所不同，所以能产生丰富的间色变化。

缁 黑色。

赭 红褐色。

韠 音毕，是官服装饰，意思是遮蔽肚子下面，主要用于朝服，祭礼上所用的又叫绂。绂，古代作祭服的蔽膝。

丱 音贯，上古儿童把头梳成丫角样式，《诗经·齐风·莆田》："婉兮娈兮，总角丱兮。"那时的儿童也叫丱齿，后来也把年轻女孩的假髻比如丱角，就叫做丱髻。

《礼记·玉藻》中有"古之君子必佩玉"的说法，可见秦汉以前人们对佩戴玉饰已经非常重视。在中原的仰韶文化时期，人们在制作玉器的过程中就比较重视对料的选择，琢出玦、管、环类玉饰品，打扮美化自己。根据考古发现，在距今4000年的良渚、红山、龙山文化时期，琢玉工艺已成为一个独立的手工业部门，初步形成了我国的玉文化体系。当时玉器种类较多，主要是装饰玉，有头饰、颈饰、手饰、胸饰、腰饰等；还有一部分具有礼仪性质的琮、璧类大玉器。到商代，统治者甚至制定了一整套佩玉制度，以区分阶级和等级。商代玉佩有各种小动物形状，最常见的是玉鱼。据传西周灭商时，在朝歌都城和宫殿仅缴获的玉器就多达数十万块[1]，可见当时人们对玉的重视程度。

夏商时期的服装只是形成了中华民族服装的初步形制，即"上衣下裳"。进入阶级社会阶段，衣料、颜色、款型等方面虽然也具备了贫富、等级差异性的区分，但其社会性的文化意义并不明显。而在周代以后，服装的等级性、社会文化的明确性就昭然了，其审美功能也随着社会文化意义的丰富、复杂而相应产生。

玦　音决，古人佩戴的一种玉饰，呈有缺口的半圆形。
琮　音从，古人佩戴的一种玉饰，呈中间有圆孔的方柱形形状。
璧　音必，古人佩戴的一种玉饰，呈扁圆形状，中间有小孔。

1. 参见黄怀信、张懋镕、田旭东：《逸周书汇校集注》，上海古籍出版社，1995年，第473—474页。

韨示意图

丱角示意图

腹前垂韨，头戴筒状帽子的商代男子

传说黄帝后裔帝喾（高辛氏）的元妃姜嫄踩了巨人的脚印，受孕而生了弃，弃长大后受封于邰（位于今陕西武功县西南）。由于他喜欢农桑，并教育当地人们耕种庄稼，被称为"后稷"，即主司农的官员。后稷的曾孙公刘振兴农业，其后代迁徙于豳（今彬县北），这就是周人最早的先祖，他们慢慢地兴盛起来。

后稷的儿子不窋继承部族首领和司农的官职时，正当夏朝末年，国内政局混乱，不窋弃官避乱到戎狄之间，所以后来的周人有了少数民族胡狄的血缘。有史学家怀疑周人的根祖本就是源于胡狄，只是后来他们融入华夏族之后，为了证明自己血统纯正，便将黄帝附会为最初的祖先。据历史记载，到了公刘第八世孙古公亶父时期，周人遭到邻近更强大的戎狄的攻击侵扰——给他们珠宝财物仍然不得安宁，戎狄还要土地和人民，亶父迫不得已而率民众渡漆沮之水，越过梁山，来到岐（今岐山以南）下，这就是后世所说的"周原"。"古公乃贬戎狄之俗，而营城郭室屋，而邑别居之。作五官。"[1]周人自此才与华夏族融合。在《诗经》中也有很多篇幅描写和歌颂先周的这段历史。

殷纣王时期朝政混乱不堪，以周武王姬发为首的政治势力随即举起反朝廷的大旗，东进殷都朝歌，与纣王军队在牧野决战，纣王军队倒戈，武王军队顺利占领都城，纣王逃奔鹿台自焚，殷商王朝旋即覆灭，历史上一个强大的新奴隶制王朝建立。据《国语》载，西周初年，周王朝以"陕

1.［汉］司马迁：《史记》，中华书局，1959年，第114页。五官，即五种官职：司徒、司马、司空、司士、司寇。

后人所绘周召公画像

原"（今河南陕县境内）为界，陕原以东曰"陕东"，由周公管辖；陕原以西曰"陕西"，由召公管辖。"陕西"因此而得名，周王朝将政治制度的中心确立在陕西的关中，随即服饰时尚的中心也移至关中。

在奴隶社会，统治阶层占有大量奴隶，还向平民征收赋税。统治者穿衣服不但讲究宽大阔绰，而且要表现出自己的贵族身份，所以就产生了穿衣的制度。周王朝建立以后，等级制度进一步确立并且强化，服装的社会化功能已经很明朗——"非其人不得服其服"[1]成为一种约定俗成的观念，与这个观念相适应的冠服制度也逐渐确立起来。春秋战国时期，服饰制度已被纳入礼制范畴。荀子在《国富篇》中有详细的说明："礼者，贵贱有等，长幼有差，贫富轻重皆有称者也。故天子袾裷衣冕，诸侯玄裷衣冕。大夫裨冕，士皮弁服。"周朝还专门设立了伺服和内伺服官职，负责掌管王室成员的穿衣事宜。王室公卿们为了表示自己的尊贵身份，在不同的礼仪场合，穿衣戴冠，都要讲究礼节，不能没有章法。

王公贵族所戴的帽子统称为冠弁，冠弁中的冕最为尊贵。最初，天子诸侯们在祭拜天地和祭祀祖先时都要戴冕，冕上面的长方形板叫"延"，延前面吊下来的串串小圆珠叫"旒"，天子所戴冕的延上共缀十二旒。

伺服 《周礼》中称周代开始设立的官名"春官"，主管君王的吉凶礼服。吉服指祭祀、冠、婚娶礼仪衣着；凶服即丧服，后人甚至把违反风俗和常规的奇装异服也称为凶服。可见服装制度在中国古代政治或习俗文化中的重要地位。

内伺服 《周礼》中称为天官，主管王后之六服。《周礼》规定王后的六服是袆衣、揄衣、阙衣、鞠衣、展衣、缘衣。

1. ［南朝・宋］范晔：《后汉书》，中华书局，1999年，第2485页。

天子所戴冕示意图

爵弁示意图

皮弁示意图

华虫　羽毛美丽的雉鸡。

宗彝　宗庙祭祀所用的酒器,上面有虎、蜼二兽的花纹装饰,虎象征威猛,蜼是一种猕猴,有避害的寓意。宋人聂学义认为"宗彝,虎,取其乎猛;蜼取其智,遇雨以尾塞鼻,是其智也";同时期学者蔡沈则认为"宗彝,虎蜼,取其孝也"。

黼　半黑半白相间的像斧一样的花纹。

黻　半青半黑的有一对相背(左正右反)的弓形花纹。

蜼　即长尾猿。

　　弁也是尊贵的冕,有爵弁和皮弁之分。爵弁是无旒之冕,皮弁用白鹿皮做成。《诗经·卫风》描绘白鹿皮做的弁"会弁如星",讲的就是在这种帽子接缝处缀有行行小玉珠,晶莹美观。

　　朝廷举行祭祀或其他大典时,天子、诸侯、大夫等所穿的服装规定为不同款式和颜色,服装上的图案也很讲究。《尚书·益稷》记载着祭祀时所穿服装的图案有十二种,叫十二章:"日、月、星、辰、山、龙、华虫、宗彝、藻、火、粉米、黼、黻。"[1]十二章的图案都是有寓意的:

1. 冀昀主编:《先秦元典·尚书》,线装书局,2007年,第28页。

陕西服饰文化

日、月、星辰寓意照临，山寓意稳重，龙寓意善于应变，华虫寓意文采绚丽，宗彝寓意为忠孝，藻寓意为清明洁净，火寓意光明磊落，粉米寓意为滋养，黼寓意为决断，黻寓意为明辨是非。周代以后，十二章纹作为服饰制度的重要内容，从秦始皇时代一直被沿用到清末袁世凯复辟帝制时期。

十二章纹各有特定的象征意义，但却无不把人和自然紧密和谐地维系在一起。自汉唐以来，中国传统文化就强调"载道"精神，服饰中的十二章纹同样具有载道的文化内涵与美学张力。日月星辰，将自然中的三光放在首位，既取其照耀之意，又以天为至高无上之位，万民所仰视，万物所依赖；以山象征庞大、厚重、稳固之力，这和中华文化中把泰山作为崇高的象征意象是一致的，其中也有象征王者崇高的成分；龙是神明的象征，更是中华民族众象归一的图腾，它是取蛇、飞鸟等游移、飞翔能力于一身的想象物，同时又取其应变自如的特征，蕴涵着不可捉摸的神秘变化之义，作为天外来物（中华民族集体智慧的想象之物），迎合了帝王神化自己的要求，成为皇权的象征；"华虫"即雉鸟，是最有文采的珍禽，其美丽迷人的羽毛象征着自然中最美好最耀眼的色彩，也是最华丽的装饰物，用此表示王者有文章华美之德；"宗彝"是古代祭祀的一种酒器，上面往往刻画虎纹和蜼纹，象征忠、孝的美德，兼代表威严与智慧；藻象征君臣的品德应该是冰清玉洁；火，象征积极向上，勇于进取，君臣们处理政务应该像火一样光明磊落，火焰向上，也含有率士庶群黎归向上命之义；粉米是白米，象征国家无私地给养人民，安邦治国，重视农桑；"黼"字像"斧"形，象征君臣做事果敢、善于决断；"黻"的图案作两"己"相背，象征明辨是非、善恶分明、知错就改的品德。

从周代以来，凡是戴冕冠的人，都要穿冕服，冠与服是紧密联系在一起的。冕服的形制在级别上有严格的区别：除了颜色不同以外，所用的布料质地也大不相同；更重要的是不同级别的人，衣服上的图案也差别较大。这就是章纹差别。一般说来，天子的冕服是玄衣纁裳，用十二章纹。玄衣，就是用黑色衣料做成的上衣；纁裳是用红色衣料做成的围裳。上衣

十二章纹示意图

日

山

龙

月

藻

黼

星辰

火

粉米

华虫

宗彝

黻

陕西服饰文化

的纹样是用手绘出来的，下裳的纹样则是用手绣出来的。帝王以下官员的
冕服要根据官位不同而变化。如诸侯、卿大夫若与天子一起参加大型祭祀
活动，公卿服饰就要比天子服饰降一级使用，也就是天子衣裳用十二章纹
（在重大场合，天子服饰永远是十二章纹），公卿衣裳则用九章纹，侯、
伯分别用七章纹、五章纹等，以下再递减。所谓九章，指的是十二章纹中
的最后九个图案；一章则指的是最后一个图案，也就是"黻"纹图案。如
果冕用九旒，衣裳则用七章；冕用七旒，衣裳便用五章，依此类推。所以
从周代起就有了衮冕服、鷩冕服、毳冕服、希冕服以及玄冕服之分。这就
是当时祭祀时衣冠服饰制度的具体规矩。除了庄严的祭祀活动以外，对上
朝、田猎、吊唁、出兵等活动，也都有不同的穿着规定，服装品种有祭
服、朝服、田猎服、凶服、兵服、常服等多种。

　　周代服装繁简不同，但是上衣下裳的区分非常明显，这是中国古代服
装的基本形制，所以"衣裳"成为汉语里对民族服装的统称。周代不同身份
的人所穿衣服的袖口大小不同，衣服样式都是长大宽博。宝鸡茹家庄出土的
西周墓中的铜人，其衣领是矩式曲折直下。西周流行宽带束腰的斧形韨，
用皮革涂抹朱红色做成，还有一种用丝绸绘绣花纹。西周王公贵族所穿的华
丽衣裳和所用的赤芾、韨等都是权威、地位的标识物，除衣服外，他们用
朱红色涂抹和刻镂、镶嵌了金玉的弓箭、旌旗、车马、各种佩饰等等，都是
身份地位的标识物，而且代代相传，直到封建社会被推翻。

　　周代是我国礼仪制度形成的重要时期，当时最重要的典籍《周礼》把
统治思想制度化，并对以后各个历史时期的封建政权产生了巨大而深远的
影响。《周礼》分《天官》《地官》《春官》《夏官》《秋官》《冬官》
六章，分别叙述了统治天下不同的方面。《天官》总述天官（最高官）一

　　衮冕服　即天子所穿的礼服，以十二章纹为纹饰。
　　鷩冕服　周代官爵中位分最高的人，所谓"三公八命"所穿的礼服。
　　毳冕服　希冕服　玄冕服　此三种样式已佚。

[周]铜人
陕西宝鸡茹家庄出土，现藏于陕西省宝鸡市青铜博物馆

系在大宰（相当于宰相）以下六十三种职官的名称、职级、属员及编制情况。大宰为六卿之首，百官之长，辅佐王统治天下。《地官》总述司徒以下七十九种官职的编制情况，再分叙各官的职掌范围。《春官》立官宗伯，掌管邦礼，主管宗庙祭祀，祭祀要涉及到典礼服装的穿戴。《夏官》立司马，掌管军政，统领军队，也涉及戎装的穿着。《秋官》立司寇，掌管狱讼刑罚等。而和服装联系最密切的是《冬官》，此章又名《考工记》，主要讲述百工之事，涉及社会生活的各个方面。其中所记的内容为先秦即夏、商、周三代以来官营手工业中的三十六个工种的概要情况，囊括木材加工、金属冶炼、皮革制作、丝麻的染色技术、各种用具的刮摩打

磨等内容，不仅讲解加工制造过程，更涉及原料的选用、产品的设计思路、工艺的讲究等。《周礼》可被视为中国先秦时期的礼仪制度（包括着装制度）大典，而《冬官》则被视为先秦时期中国科技发展状况的总典籍，今人从中可探查周代的着装制度和服装原材料丝麻的练染工艺。

在中国历史上，服装的发展、演变和传承，与社会制度密切相关，材料的选用，数量的多少，在上层社会都是很讲究的。而服装材料由材质简陋、品种稀少到质地华美、样式丰富，这变化也和社会生产力的发展程度相适应。在夏商时代，陕西地区不在王畿中心之地，服饰文化方面在历史上能留下的有更高价值的东西不多。但进入西周之后，这种情况就发生了极大变化。因为周人最早以岐山、凤翔、扶风、武功为活动中心，后来这片地区成为西周时期统治的中心范围，其服装的发展、变化就影响和带动

[周]丝绸制品遗迹
陕西宝鸡茹家庄出土，现藏于陕西省历史博物馆

了其他地区，甚至成为中国古代服装演进的代表。在西周初期，在当时以西岐为中心的周原地区及后来成为西周都城的镐京一带，各地大小邦国的封君衣着打扮都是重视排场的。地理条件好一些的地方，贵族们甚至会把帷帐、车驾都做得华丽精美。但对平民百姓来说，即使生活在京畿土地上，由于其身份低下、经济条件有限，只能穿本色（以间色为主）的麻、葛布或粗毛布制作的简陋衣服。特别穷苦的人家，甚至只能穿着草编的像蓑衣之类的衣服，时人称这种衣服为"牛衣"[1]。

周代服饰比商代服饰更为精致讲究。商代流行上衣下裳，上衣以右衽交领为常用制式，下裳之外已经有了"蔽膝"。而周代对服装最大的贡献则是在春秋战国之交创制了一种新式服装——"深衣"，也叫"麻衣"。深衣是将上衣和下裳合二为一，但又保持了一分为二的界限，所以制作时要上下分开缝制，布料也分开裁制，并在两腋下腰缝和袖缝交界处各镶入一片矩形布料，其作用是使平面裁剪立体化，能够完美地表现人的形体，两袖样式使胳膊也获得伸缩弯曲的自由，是士大夫阶层家居的便服，又是平民百姓们的礼服，男女通用。关于深衣，《礼记》中有比较详尽的记载，称其"可以为文，可以为武；可以摈相，可以治军旅"。因此深衣也被认为是一种颇具文化深意的很完美的传统服装。东周以后，国都迁往雒邑（位于今河南省洛阳市王城公园一带），服饰中心偏离陕西。

春秋战国时期，周王室衰微，五霸七雄此起彼伏，社会出现大动荡局面，文化出现百家争鸣、百花齐放以及大交流、大冲撞、大融合局面，各

镐京　在今西安市长安区西北。
摈　迎接引导宾客；摈相，即傧相，指主持礼仪活动。

1. 牛衣，原意指为牛御寒的披搭之物，以葛、麻或衰草编做而成。见沈从文、王㐨《中国服饰史》，陕西师范大学出版社，2004年，第22页。

国都先后改革争强，这种形势对服装的发展形成了推动态势。这一时期值得关注并在服饰发展历史上留下深刻印记的事件，除了深衣的出现，还有赵武灵王进行胡服骑射改革后出现的胡华服饰融合现象，但是后者并不在今陕西境内发生，因此此处不作深述。

深衣示意图

"冠冕堂皇"，上衣下裳

——服饰文化基调的奠定

秦汉两代在中国历史上地位显赫，它们开创和巩固了全新的社会阶段，结束了奴隶制统治，把历史车轮推向了更加先进、发达的封建社会时期，中国服装的面貌也焕然一新。

秦代冠示意图

鹬冠

武冠

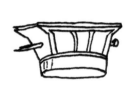

法冠

高山冠

秦国是在春秋战国时期逐渐崛起的诸侯国，经过几代统治者的改革发展、倾心经营，最终成为战国末期最强大的国家，并对其他各诸侯国采取"远攻近交""化整为零""各个击破"等政策和战略手段，统一了全国。虽然其存在历史很短，却打开了我国封建社会两千多年漫长的历史局面。

秦帝国以陕西关中为京畿之地，统一全国以后"兼收六国车旗服御"，服饰传统延承了战国的成果。据《秦会要》记载，冠帽主要有四种：一是从齐国流传过来的"高山冠"，高九寸，帽子里有用铁制成的卷梁（用以支撑而呈弯曲状的横脊），传到秦地后被加以改造，一般出使外国的使节戴这种冠帽；二是"法冠"，又叫"獬豸冠"，是从楚国流传到秦国的，高五寸，冠后上端有铁制的柱卷（有支撑和装饰的作用），柱卷用缡裹住，戴这种冠帽的一般是执法的官员；三是"武冠"，又叫"繁冠"，是武官的冠帽；四是"鹖冠"，这种冠早在战国时就已出现，从赵国引进到秦国，秦始皇灭掉赵国，以此冠赏赐近臣，鼓励他们保持勇武精神。

巾多种多样，有全裹巾、半裹巾，也有做成圆帽形或人字形的，还有打结成各种花样的。这些巾和当时梳成的发型有关，以兵马俑

獬豸　音泄至，传说中的一种异兽，也称神羊，能辨曲直，见人斗即以角触不直者；闻人争，即以口咬不正者。传说楚文王曾获得过这种动物，验证后正如传说，所以以獬豸为执法者冠，表示公正。

缡　音离，丝带，束发的帛。

鹖　音和，雉鸟类，羽毛黄黑色。鹖冠，插有鹖毛的武士冠，鹖性好斗，至死不却。赵武灵王曾以此冠表彰赵国勇武之士，武士冠插鹖鸟毛，表示英勇无畏。秦国首先引进此冠，是陕西人勇武性格的体现。

为例，士兵头发梳成髻状，发髻处理得细致规范，发髻高高耸起，多偏向右侧，只有个别偏左，发髻编结得比较复杂。女俑是在脑后梳一个像银锭一样的发髻，有的在发髻后垂下一绺头发，叫做"垂髻"或"分髻"，很有个性特色。

从临潼秦始皇陵出土的兵马俑、铜车马、女坐俑等文物中分析，可知秦时关中男女服装都是交领、右衽、衣袖窄小，衣缘和腰带多为彩织物装饰，花纹精致，做工细腻。军装以甲衣为主，有的在甲片中另加组带，增加强韧性和固定性，甲片比较大，很像后来出现的"裲裆"。士兵衣长到膝盖处，左右两襟是对称直裾样式，两襟能够掩盖到背侧，两襟下角形如燕尾，而且保持着深衣的基本形制特征，和《礼记》所记述的深衣的款式特征相吻合。

秦代人穿的鞋主要是勾履。《中华古今注》记载："秦始皇常靸望仙鞋。""望仙鞋"就是勾履，前端比较长并向上微曲。秦代规定朝廷祭祀

时穿舄，即木底鞋；大臣上朝时穿履，履一般是丝制，鞋头有高头，绣以花纹，履分皮革做的鞜、丝绸做的锦履和葛麻做的布履。屦是家居时的便鞋；屐是出门走路穿的鞋；靴多为少数民族穿用，多在冬天或打仗时穿，当时叫"络鞮"。妇女的鞋和男子的鞋不同之处多有绣花，女子出嫁时穿木屐，在木屐上画上彩画，再系上彩色的带子。

秦代尚黑，所以人们以穿黑色衣裳为正色。《史记·秦始皇本纪》记载，秦始皇崇信阴阳五行学说，认为自己是以水德取得天下，所以祭服就是黑色的。但在祭祀时，只有皇帝一个人穿黑（玄）色祭服，其他人却穿彩色祭服。秦朝还规定三品官员以上穿绿袍深衣，一般都是用绢帛做成；

靸　音洒，把鞋后帮踩在鞋后跟下，非常不正式。

络鞮　音落低，络，缠丝、缠绕、笼罩，泛指网状物；鞮，兽皮做的鞋。

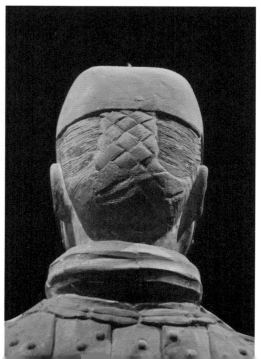

秦代男子发髻
[秦]兵马俑　现藏于陕西省历史博物馆

无官爵的平民穿白袍。统治阶级的服装面料是以锦绣丝绸为主，民间是以麻葛布为主。丝绸绣纹多以山、云、鸟、兽、藤、蔓及植物花卉来装饰；织锦上有各种复杂的菱形图案，有的织有"延年益寿"等花纹。此外还有绘花和印花图案的织物，以朱砂着色的织物，细薄丝织物，等等。

[秦]踞坐女陶俑
陕西临潼秦始皇陵园出土，
现藏于陕西省历史博物馆

[秦]穿深衣的士兵俑
陕西临潼秦始皇陵园出土，
现藏于陕西省历史博物馆

[秦]文官俑
陕西临潼秦始皇陵园出土，
现藏于陕西省历史博物馆

文官俑脚上穿的勾履

[初唐]张骞出使西域图壁画
敦煌莫高窟第323窟

汉承秦制，传承了秦代很多优秀的传统并将其发扬光大，建立起辉煌强盛的王朝。据史料记载，中国版图就是在秦汉时代基本确定的，以华夏民族为中心的中国主体民族——汉族也是在这个时候形成。汉朝和周、秦、唐三个朝代都是我国历史上极其强大的时期，对中国乃至世界历史影响深远。后世称华夏民族为"汉族""汉人"，对其所使用的文字语言称为"汉字""汉语"，汉服成为今天中华民族的代表性传统服装之一。这都是在陕西地域上发生的，应是陕西文化对中国文化的重大贡献，也是陕西文化的自豪和骄傲。

西汉建元二年（公元前139年）、元狩四年（公元前119年），汉中郡成固（今陕西城固）人张骞两次奉汉武帝之命出使西域，从长安出发，把成千上万匹上等丝绸精品运往西域各国，开辟了我国与西方古国的商贸交往通道，并将中国的服饰文化传播到西方，再通过西方各国传至世界各个角落。这就是著名的"丝绸之路"。陕西关中是丝绸之路陆上的起点，陕西为中华服饰与世界服饰的交流作出了巨大的历史性贡献。自从张骞开辟了陆上丝绸之路以后，海上丝绸之路、草原丝绸之路相继出现，更加扩大了中国与西方国家的贸易空间。

[东汉]丝绸残片
新疆吐鲁番阿斯塔那出土，
现藏于陕西省历史博物馆

[汉代]麻布残片
陕西省西安市灞桥砖瓦厂出土，
现藏于陕西省历史博物馆

一

　　汉代男女服装沿袭了上衣下裳和深衣两种款式。外衣以深衣为主，无
论单衣棉衣，大多都是把上衣和下裳缝制在一起；里面穿中衣和内衣，下
面穿紧口大裤，最初裤子不缝裆，腰里束带。妇女的衣服很精美，有直裾
（直襟）、曲裾（三角斜襟）两种。汉代深衣穿在身上悬垂感比较强，静
立时自然贴体，走路时膨大如伞，不影响脚步行动，所以成为当时的流行
时装。男子深衣的领口很宽，为右衽直裾，前襟下垂到地，后襟从膝弯以
下作梯形挖缺，使两侧衣襟形成燕尾状，既实用又美观。

　　贵族衣服以宽博的袍服为主，而且都是华贵的锦袍，男女大都穿着曲
裾袍，袖口很大。《后汉书·舆服志》记载："服衣，深衣制，有袍，随
五时色。袍者，或曰周公抱成王宴居，故施袍。《礼记》'孔子衣逢掖之
衣。'缝掖其袖，合而缝大之，近今袍者也。今下至贱更小史，皆通制

袍，单衣，皂缘领袖中衣，为朝服云。"[1]这里所说的袍服是指古时流传下来的样式，男女皆可穿，只是颜色和衣饰有所区别。汉代刘熙在《释名》中解释："袍，丈夫着，下至跗者也。袍，苞也，苞内衣也。妇人以绛作衣裳，上下连，四起施缘，亦曰袍。"[2]袍在秦汉以后一直被当做礼服，服色在各代有不同讲究。据记载唐代以前对袍服颜色没有严格规定，比如官民都可以穿黄色袍服，但唐代以后只有皇帝才穿黄色袍服，其他人都不得穿，一直到清代千年不变。袍服形制以大袍最普遍，有的袖口收缩，《尔雅·释衣》把袖口紧窄部分称为"祛"，袖子宽大部分称为"袂"，《晏子春秋》中有"张袂成阴"的说法，就是对袍服衣袖宽博的夸张描绘。汉代社会逐步稳定，经济获得发展，人们对袍服的款式追求更加宽大。袍服的领和袖都用花边装饰，花边颜色、纹样比衣服本身要素淡，常见的有菱纹、方格纹等，袍服的袖子以祖袖为主，大多裁成鸡心样式，穿时露出里面的内衣。另外也有大襟斜领，衣襟开得很低，领袖用花边装饰，袍服的下摆打一排密裥，有些还裁成月牙弯曲形状，讲究艺术性，充满美感。

官员家居时穿的常服叫"禅衣"，也叫单衣，即今天所说的衫。款式有长有短，长单衣就是深衣，短单衣也叫"中单"。禅衣和袍是有区别的：袍有面子和里子；禅衣没有里子，只有一层。禅衣从周代以来就普遍流行，秦汉时人们也将其作为礼服穿着。文人的禅衣长到脚面，武士的长到膝，士庶百姓的更短些。以后各朝一直延续下来。"衫"的称呼始于秦始皇。《中华古今注》说："三皇及周末庶人，服短褐，儒服深衣。秦始

裾　音居，衣服的前后襟，泛指衣服的前后部分。
跗　同"趺"，音夫，脚背。
祛　音曲，袖口。
袂　音妹，衣袖，《晏子春秋·内篇杂下》说："张袂成阴，挥汗成雨。"

1.〔南朝·宋〕范晔：《后汉书》，中华书局，1999年，第2505页。
2.〔西汉〕刘熙：《释名》，中华书局，1985年，第81页。

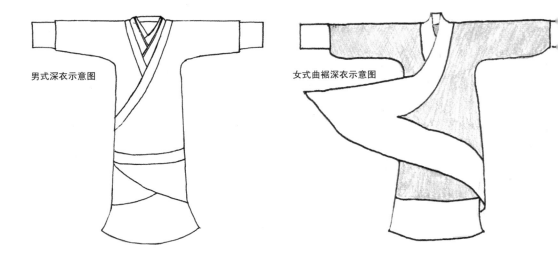

男式深衣示意图　　　　　　　女式曲裾深衣示意图

汉代穿深衣的男子
[西汉]洛阳西汉墓壁画《迎宾拜谒图》（局部）

男式直裾深衣示意图

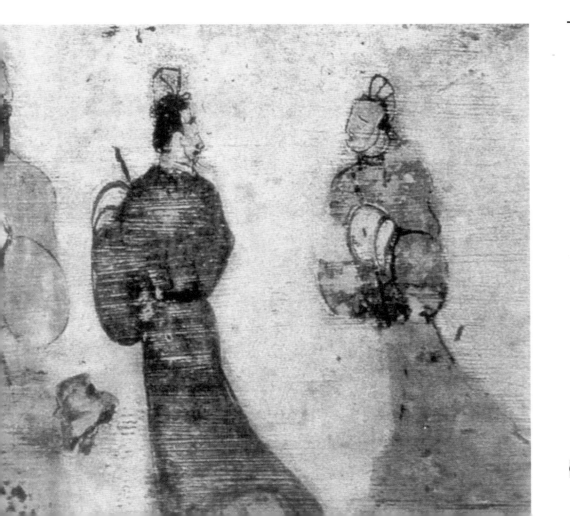

皇以布开胯，名曰衫。"[1] 宋代高承在《事物纪原》中转引《实录》："古者朝燕之服，有中单。郊禘之服，又有明衣。汉祖与项羽战争之际，汗透中单，遂有汗衫之名也。"[2] 这里所说的汗衫和现在的汗衫不同：古时汗衫是指中单，相当于当代的短袖衬衣，除了平时可以在家里穿，官员上朝时也可以作为衬衫，穿在袍服里面；现在我们的汗衫是指西化的T恤，和古代汗衫无论是样式、质料还是做工上都截然不同。

曲裾深衣
[西汉]女立俑
现藏于陕西省历史博物馆

直裾深衣
[西汉]穿的男立俑
陕西省咸阳市出土，现藏于陕西历史博物馆

1. [五代]马缟：《中华古今注》，中华书局，1985年，第24页。
2. [宋]高承：《事物纪原》，见[日]长泽规矩也编：《事物纪原·小学绀珠》，上海古籍出版社，1990年，第84页。

身穿家常服的汉代官吏
[东汉]河南密县打虎亭画像石墓雕像拓本

牧羊人与农夫的短窄衣着便于劳作
[东汉]建筑斗拱画像石"二牛抬杠图"
出土于陕西省绥德县，现藏于西安市
碑林博物馆

犊鼻裈　长度至膝下"犊鼻穴"的一种短裤。

襜褕　音禅于，从汉代流行起的较长的单衣，主要用于
外罩之衣，分直裾和曲裾两种，以直裾为主，是男女通
用的非正朝之服，因其宽大而长作襜襜然（摇动貌）之
状，故名襜褕。

襬褣　音虫容，襜褕的别名。

裋褕　裋音书，粗布衣服叫裋，短一点的襜褕叫裋褕。

庶民男子衣着短窄，腰里系带，裤脚卷起或扎裹腿，以便于劳作；外面穿着粗布罩衣，夏天甚至赤裸上身；下身穿犊鼻裤；脚穿麻布鞋（夏天也可赤脚）；头上裹巾或戴较小的帽子，陕南人或戴斗笠。汉初规定，农民穿本色麻布衣服，不能穿彩色衣服，到西汉后期才允许穿青色和绿色衣服。由于重农轻商，商人也不能穿华丽的丝绸衣服。

汉代服装最典型的款式是"曲裾"和"直裾"。曲裾是由在战国时就已经流行的深衣发展而来，特征是方领，衣襟斜向下伸到腋部，再旋绕身后。这种款式在西汉前期最为流行。直裾流行于西汉末年，又叫"襜褕"。在直裾和曲裾的基础上，形成了今天我们常见的汉服。据汉代文学家扬雄考证："襜褕，江淮南楚谓之褈褣，自关而西谓之襜褕，其短者谓之裋褕。"[1] 襜褕不是正式礼服，在重要场合不

头戴斗笠手持锸的农人
[东汉]陶持锸男俑
现藏于北京故宫博物院

能穿着。《史记·魏其武安侯列传》记载，元朔三年（公元前126年），武安侯田蚡因穿着襜褕进宫，被汉武帝斥为不敬，受到撤销封地的惩罚。武安侯穿的襜褕是一种短内衣，这和汉代的裤子无裆有关。

裤子最初被称为"袴"或"绔"，不分男女，只是作为胫衣出现，无腰，无裆，仅以两只裤管套在双腿膝部，用带子系在腰间，起到保护腿和膝盖的作用。秦汉之初袴发展到可遮裹大腿，但裤裆仍然不缝缀，裤子外面还有裙裳，这样既不会不文明，也便于大小便，因而古籍中将这种裤子叫做"溺袴"，是很形象的。袴外还要穿裳或蔽膝，起到遮挡的作用。如

1. 华学诚：《扬雄〈方言〉校释汇证》（上册），中华书局，2006年，第268页。

袴不用外面的长衣服掩盖住，裤管就会外露，很不雅观和不自重，所以田蚡的行为被认为很不恭敬。

　　汉代关中已经出现与现代裤子很接近的"袴裤"。《汉书·外戚传》中有"左右及医皆阿意，言宜禁内（指宫人），虽宫人使令皆为穷袴，多其带"的叙述，对此东汉经学家服虔解释说，"穷袴，有前后裆"，可见汉代已经出现了满裆的裤子。唐代经学家颜师古解释说，穷袴"即今绲裆袴也"[1]。"穷袴"是很少用的说法。汉代以后，魏晋南北朝时期，裤子成为流行服装。刘义庆在《世说新语·任诞》中记录下了刘伶的放达之语："我以天地为栋宇，屋室内为裈衣，诸君何为入我裈中？"[2]"裈"或"绲"就是人们对满裆裤子的最早称呼。那时的文人对统治者不满，我行我素，放诞任性，不穿贵族流行的袴褶，不但穿长裤，而且把裤口开得很大，相当于20世纪七八十年代的喇叭裤，故意追求时髦，体现出与当时污浊政治不合流的强烈的反叛精神。

陕西服饰文化

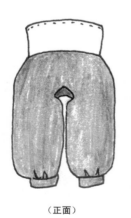
（正面）

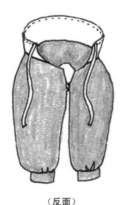
（反面）

秦汉时期不连裆袴示意图

袴裤　袴，音裤，同绔，古代指左右各一、分裹两胫（腿）的套裤，以区别满裆的裈；裈，音坤，古代指有裆的裤子；裤，指成年人满裆裤和小孩开裆裤的通称。

袆衣　周代王后的祭服，也是王后的六服之一。《释名·释衣服》："王后之上服曰袆衣，画翚雉之文于衣也。"翚雉，五彩的野鸡。

绀　音干，天青色，一种深青带红的颜色。

鞠衣　鞠音菊，又叫菊衣、黄桑服，古代王后、皇后举行告桑仪式以及九嫔、卿妻用于朝会时所穿服装，衣式为袍服，面料为黄色，里子为白色，明朝以后被废弃。

袿　音圭。

1. ［汉］班固撰，［唐］颜师古注：《汉书》（卷九十五），中华书局，1999年，第2915页。
2. 余嘉锡撰，周祖谟、余淑宜整理：《世说新语笺疏》，中华书局，1983年，第731页。

二

汉代妇女也是以穿深衣为时尚，也分为曲裾和直裾两种款样。曲裾深衣分为宽袖和窄袖，衣领通常用交领，领口很低，以便露出里面的衣裳，最多可露出三层领，称为"三层衣"。穿深衣的妇女都将腰身裹得很紧，用绸带扎系腰间，衣裳绘有精美华丽的纹样，衣裾边装饰锦缎，随着衣襟盘旋着裹在身上，成为流动的装饰，具有含蓄、儒雅、柔美的特征。连体的深衣既是贵族的常服，也是百姓的礼服。民间妇女的常服是短襦长裙。裙子样式繁多，最有名的有"留仙裙"。相传赵飞燕在宫中表演歌舞，正当酣畅淋漓时，突然大风骤起，赵飞燕借势举袂尽情欢舞，汉成帝怕她被风吹走，急忙命人拉住赵飞燕的裙子，裙子上出现了不少褶皱。赵飞燕趁机对汉成帝撒娇说："要不是你命人拉住我，我就成仙女了！"自此，宫女们都把裙子弄皱，并取名为"留仙裙"，引领了汉代服饰的风潮。

贵妇的礼服遵从古礼，太后、皇后、公卿夫人所穿的祭服、朝服、婚礼服等都是深衣。太后、皇后有谒庙服，相当于周代的袆衣，是女礼服中最尊贵的。谒庙服上衣是绀色，下裳是皂色。皇后在开春时要带着公卿诸侯夫人身穿亲蚕服，举行亲蚕礼，鼓励妇女们勤于植桑养蚕，缫丝纺织，亲桑服相当于周代鞠衣，上衣为青色，下裳为缥色（浅黄色）。亲桑服同时也是朝见之服。

袿衣是汉代妇女常服中很有名的一种服装，由深衣发展而来，衣服底部由衣襟曲绕形成燕尾形的两个尖角，富于情致。《释名·释衣服》解释说："妇人上服曰袿，其下垂者，上广下狭，如刀圭也。"[1]襦裙也是汉代有名的女服。襦是上衣，斜领、窄袖、长及腰际；裙子是由四幅素绢连接拼合而成，四幅素绢上窄下宽，居中的两幅较窄，外面两幅较宽，下垂至地，裙腰两端缝着绢条，以便系结。裙边不饰缘，所以又叫"无缘

---

1. [汉]刘熙：《释名》，中华书局，1985年，第80页。

"三层衣"
[西汉]彩绘女立俑
现藏于陕西省咸阳市汉阳陵博物馆

明代徐光启《农政全书》中记载有汉代祭祀"宛窳妇人"以扶助蚕桑的习俗

袿衣示意图

裙"。襦裙最早出现于战国时期，这是典型的上衣下裳形制，汉代用作妇
女常服，后来一直流传下去，成为中国女服中最有代表性的样式之一，深
受历代妇女喜爱，所以影响广泛。

　　此时舆服制度更加完备，从朝廷到民间，各等人穿衣都有了规定，皇
帝、群臣的礼服、朝服、常服等被分为20多种，为后世其他朝代立下了规
矩。《汉书·朱博传》记载："（朱博为琅琊太守）敕功曹：'官属多襃

贵族妇女所穿上襦下裙
[汉]打虎亭汉墓壁画

衣大袑，不中节度。自今掾吏衣皆令去地三寸。"[1] 朱博是汉成帝时人，那时官吏衣长至地，不符合服制，所以朝廷命令剪短，离地三寸。然而史料记载的信息与后来出土文物中绘画、砖雕等残留的人物实际穿着却不大相同，也许文献记载的是社会上层人士着衣情况，而出土文物多反映平民和奴仆的着衣情况。

袑　音绍，裤子的上半部，即大袴、袴裆。

1. [汉]班固撰，[唐]颜师古注：《汉书》（卷九十五），中华书局，1999年，第2529页。

三

汉代的冠帽是区别人们身份等级的重要标志之一。汉代冠帽有冕冠、长冠、委貌冠、皮弁冠、爵冠、通天冠、远游冠、高山冠、进贤冠、法冠、武冠、建华冠、方山冠、巧士冠、却非冠、却敌冠、樊哙冠、术氏冠、鹖冠等十多种，大大超过了秦冠的数量和款样。

汉代冠巾延续的是秦代样式，关中男子多以巾帻裹头。西汉末年，外戚王莽因头秃，特制巾帻包头，民间传说"王莽秃，帻施屋"，后来在社会上广为流传，成为风尚。这是政治名人带来的效应。事实上，以巾帻包头早在商周时就出现了，只是到了汉代更加广泛流行开来。"头戴纶巾，手挥羽扇"是当时文人雅士的普遍装束。文人、武士都以戴巾为风雅，上等巾是丝绸所做，下等巾是麻布或葛布所做。上层人士头巾是黑色的，白色头巾是平民或被免职官员的装束，后世将汉代流行的巾称为"汉巾"。《东汉会要》中解释："帻者，赜也，头首严赜也。至孝文乃高颜题，续之为耳，崇其巾为屋，合后施收，上下群臣贵贱皆服之。文者长耳，武者短耳，称其冠也。……武吏常赤帻，成其威也。"[1]这段文字记述了巾帻的形制和官员服巾的规定。"崇其巾为屋"是指巾帻顶端隆起形似屋脊。当时还有平顶巾，称为"平顶帻"或"平上帻"。这是汉代关中男子基本的首服。平民身份低微，不能戴冠，就只能以巾裹头。帻具有压发定冠的作用，身份高贵的官宦戴冠以前往往先用帻固定头发，前面略高，后面略低，中间露出头发。官员平时在家宴居时，脱掉冠帽戴巾，所以说"上下群臣贵贱皆服之"。平民巾帻按规定只能是黑色或青色，所以秦时称人民为"黔（黑色）首"，汉时称仆隶为"苍（青色）首"，都是从他们头上戴的巾的颜色来区别的。

帻　音则，古代包头发的巾。
赜　音则，同帻。

---

1. [宋]徐天麟：《东汉会要》，上海古籍出版社，1978年，第144—145页。

汉代冠示意图

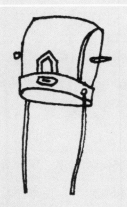

委貌冠
用黑绢制成。朝廷官员的首服，
搭配玄端素裳

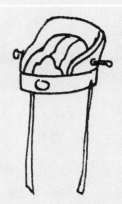

远游冠
诸侯王所戴，这种冠前梁高耸，
向后倾斜，分为一梁、三梁、五
梁几种，上面有黄金装饰，表示
爵位等级

巧士冠
祭祀天地时随侍皇帝的官员所戴

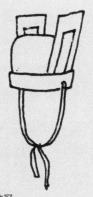

却非冠
形制像长冠，宫殿门吏所戴

樊哙冠
相传是著名汉将樊哙创制，他曾
戴此冠参加鸿门宴，后此冠为殿
门卫士所戴

进贤冠
用黑布做成，公侯、博士、太
傅、司徒、司空等都可戴

高山冠
也叫"侧注冠"，宫廷近侍、仆
射所戴

建华冠
乐人的首服

陕西服饰文化

以巾覆发
[汉]士兵俑　现藏于陕西省历史博物馆

四

汉代人发式和发饰也具有突出的特色，据马缟的《中华古今注》记述："秦始皇下诏令皇后梳凌云髻，三妃梳望仙九鬟髻，九嫔梳参鸾髻。"其他书籍还记载秦汉有"神仙髻""迎春髻""垂云髻"等，这些发型受到当时女子普遍喜好。宫廷里流行穿着礼服时要梳"通髻"和"大手髻"，贵族妇女更流行梳"高髻"，当时民谣这样描述高髻："城中好高髻，四方高一尺。"这种发髻里边定有支撑物，否则如何挺立？还有一种螺旋式发髻，人们形容"盘髻如旋螺"。

有一种于脑后一侧下垂式的发髻，形如人将从马上坠落之势，叫作

"堕马髻"，相传是汉顺帝皇后之兄梁冀的妻子孙寿所创。《后汉书·梁冀传》说："寿色美而善为妖态，作愁眉、啼妆、堕马髻、折腰步、龋齿笑，以为媚惑。"[1] 李贤注引《风俗通》说："堕马髻者，侧在一边，始自冀家所为，京师翕然，皆效之。"加上愁眉、啼妆等装饰，为女子增添了妖娆妩媚的情态和风姿。堕马髻风靡京城，从上层社会到草根平民，妇女们纷纷效仿。堕马髻取代了春秋以来的辫发习俗，其新颖的样式也使文人墨客为之动情，有不少诗作描述和颂扬这种发式。汉代乐府古诗《陌上桑》中有"头上倭堕髻，耳中明月珠"，诗中秦氏女罗敷的故事就发生在今陕西华阴县罗敷镇。"倭堕髻"是由堕马髻演变而来，发髻歪在头的一边，似堕非堕，充满别情逸致。今天在陕西西安乃至长沙、菏泽出土的泥陶、木俑中堕马髻发式很普遍。

京城长安还流行分尾髻，这种发髻是在髻尾留发或编辫，并在髻尾做小装饰，然后再加一组织物为装饰，垂在身后，所以称为"分尾髻"。还有一种垂云髻，像云下垂的样子，但是不作装饰，呈现自然状态。"云丝雾鬓，美人如斯"，"鬓发玄髻，光可以鉴"。优美的发髻加上装饰物，更加突出了汉代京师女子俊俏妖娆的美态，也为宽衣大袖增添无穷魅力。此外，汉代妇女还有盘桓髻、百合髻、分髾髻、同心髻、三角髻等，名称多，花样多。女子在真发中参接假发梳成高大的发髻，插入数根簪笄将

汉代女子发髻的原初形式
[汉]女陶俑　现藏于陕西省历史博物馆

1.见[南朝·宋]范晔撰，[唐]李贤注：《后汉书》，中华书局，1999年，第791页。

陕西服饰文化

发式示意图

高髻　　　　　　　堕马髻　　　　　　　倭堕髻　　　　　　　分尾髻

> 鬒．音真，光亮的黑发。
> 髲鬀　音必迪。
> 擿　音至，搔爬，搔头，头饰。《后汉书·舆服志》说："耳珰垂珠，簪以玳瑁为擿。"

其固定，也有人用假发做成假髻直接戴在头上，再用簪笄固定，称为"髲
鬀"。《释名》解释："髲，被也，发少者得以助其发也。鬀，剔也，剔
刑人之发为之也。"[1] 还有把假发和帛巾做成帽子般的假髻，佩戴时直接
套在头上就行了，称为"蔮"或"帼"，后世把巾帼引申为英雄女性的代
名词。这种发式戴在头上两边要用横簪固定。

　　汉代的发饰有笄簪、步摇、梳篦、巾帼、华胜等。笄在周代就已经出
现，到汉代又出现了簪。簪是笄的发展。笄和簪可用兽骨、金玉、珍珠、
象牙、玳瑁等材料做成，有凤凰、孔雀等造型。华胜是汉代从长安流行开
来的女子头上戴的装饰物，制成花草形状插在发髻上或缀在额前，其上还
贴有金叶或翡翠鸟毛，呈现出闪光的翠绿色，这是汉代就已出现的贴翠工
艺。贴翠工艺在明清时仍然用于制作皇后所戴的凤冠，其可与镶嵌宝石翡
翠工艺相媲美。此时宫廷中出现可以搔头的玉簪，《西京杂记》记述汉武
帝时李夫人曾用过搔头玉簪，此后宫女们都用玉簪。《续汉书·舆服志》
记载："耳珰垂珠，簪以玳瑁为擿，长一尺，端以华胜。"玳瑁产于我国

1.［东汉］刘熙：《释名》，中华书局，1985年，第74页。

东海、南海，其甲质板呈黄赭半透明状，是做首饰的上好材料。有些贵妇
的梳篦等也是用象牙金玉等贵重材料做成，光洁华美，高贵典雅。《释
名·释首饰》上说"穿耳施珠曰珰，此本出于蛮夷所为也"[1]，耳朵上的装

[西汉] 小梳子
现藏于陕西省历史博物馆

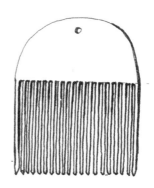

[东汉] 头戴方胜的西王母
陕西省绥德县出土，现藏于西安市碑林博物馆

---

1. [西汉] 刘熙：《释名》，中华书局，1985年，第75页。

侍女耳边戴有色彩鲜艳的耳珰
[东汉]陕西靖边杨桥畔老坟梁汉墓群壁画

饰物耳珰，最早是从少数民族聚居地区传来的，汉代时贵族妇女开始效仿流行。

汉代妇女饰品中最有情致和影响的还有步摇。步摇是附在簪笄上的装饰物，能使簪笄等固定发型的工具焕发出异样的光彩，在实用层面上增加了华美、壮观的审美效果。步摇可用金玉、翡翠、琥珀等材料制成，富于闪动感和下垂感，华耀鲜翠，玲珑剔透，五彩缤纷，艳丽夺目。《释名·释首饰》解释说："步摇，上有垂珠，步则动摇也。"《续汉书·舆服

发髻上插着步摇的女子（图中与图左）
[东汉]山东沂南汉墓石刻画

志》王先谦集解说："陈祥道云：'汉之步摇，以金为凤，下有邸，前有笄，缀五彩玉以垂下，行则动摇。'"步摇这个名称由此而来。这是一种充满诗情画意的头饰，在后世流传非常广泛而且久远。

　　长安女性流行手臂戴钏。钏也叫臂环、腕阑、条脱、跳脱等，与手镯相类，但层次更为丰富，可套在小臂或大臂上。有的妇女只戴一只，有的戴几只。有些臂钏是用金丝装饰而成，柔软精致，贵重华美。

> 邸　通柢，物的基部，这里指步摇的底部。

[西汉]臂钏
湖南长沙马王堆出土，现藏于湖南省博物馆

汉代女子的面部妆容多样，京城长安首先流行起使用西域出产的"黛"粉、"焉支"（后名为"胭脂"）等在脸上搽抹，增加美色，效果非常好。相传张骞出使西域时，将焉支山出产的红蓝草带回来，女子以此化妆，脸色红润美丽。黛是一种黑色矿物质，可以改变皮肤的颜色。妇女们将眉毛刮掉，以黛画上新眉，粗细、弯直造型由自己掌握，可以根据喜好改变面部形象。"城中好广眉，四方且半额"就反映出当时女子流行的画眉风尚。铅粉、焉支还可用于化妆脸颊。有些女子用不起"进口货"，发现用白色米粉涂脸，能使脸变白，于是就把上好的大米研成细粉，加水后涂在脸上、胸前、手臂上。汉服衣领又宽又长，走动时随风飘动，容易露出脖颈、手臂等部位。涂了米粉，再以粉黛化妆面部，人就显得更加光彩。从宫廷到民间妇女的化妆风习，不但对全国影响很大，而且对后世影响也非常深远。特别是后来的魏晋南北朝、唐代，其化妆风气更浓。

其实，妇女历来都很重视化妆，宋人所编类书《事物纪原》记载，秦始皇时宫中女子都是红妆翠眉式的打扮，说明当时京城（咸阳）女子脸部有了"彩妆"。汉代宫女化妆更加普遍，长安有个叫翁伯的人就是以贩卖脂膏而富倾全城的。汉代长安女子除了用米粉或焉支

画长眉的汉代女子
[汉]彩绘女俑　现藏于陕西省咸阳市汉阳陵博物馆

焉支　西域有一座名为焉支的山，山上生长一种叫叫红蓝草的植物，人们将花瓣采回晒干，研成粉末，用水调和后涂于脸部，可以增加美色。人们将这种可美化妆容的粉末称为"焉支"。后来人们发现在焉支中加入牛羊油，可使其更加润泽光鲜，并将焉支改名为胭脂。张骞出使西域时，将它带回长安，从此，焉支成为很好的植物化妆原料。

化妆，后来还用铅粉化妆。为了储存方便，人们将铅粉中的水分吸干，把铅粉压实做成固体，长久收藏。这种铅粉质地细腻，色泽洁白，耐用，渐渐成为主要化妆品。当时妇女不但修饰眉毛、脸颊，而且也修饰嘴唇，叫做"点唇"。点唇要用颜料，最早的颜料叫"丹"，古人说"唇脂，是丹作之"。丹是一种矿物质颜料，也叫丹砂，具有强烈的色彩效果，涂在嘴唇上可以突出唇形，增加嘴唇鲜艳的色泽。为了丹砂的润泽效果更好，古人在其中加入适量的动物油脂，使其不但防水耐放，更能增加鲜润的光泽感。

大汉王朝的服饰文化为中国服饰的发展作出了极大的贡献。中国人被称为"汉人"，中国最大的民族被称为"汉族"，"汉服"成为汉族最具代表性传统服饰的名称。辉煌的汉文明对周边其他国家也产生了巨大影响，日本和服、朝鲜袄裙的形制也都与汉服有千丝万缕的关系。

东汉以后，中国进入魏晋南北朝时期的离乱状态。在该时期内，今陕西地区最初是在曹魏统治范围内，后来又经过了西晋、前秦、东魏、西魏等政权的统治，其间还受到鲜卑族的很大影响。在整个魏晋南北朝时期，陕西作为整个中国政治、经济、文化中心的地位逐渐沦落，其服饰文化也失去了代表性的地位。

一

由于战乱频仍，统治政权腐败苛酷，民不聊生，此时的文人儒士对政治厌倦，普遍表现出遁世思想，对统治者采取消极对抗和不合流的态度，表现在穿衣形象方面就是不修边幅，我行我素，粗服乱

[北魏]穿着西北少数民族式样服装的男立俑
西安市南郊草场坡出土，现藏于陕西省历史博物馆

头，流行褒衣博带。在整个魏晋南北朝时期，服饰文化呈现出了自由开放的特征。

曹植在《洛神赋》中描述洛神"曳雾绡之轻裾"，可见魏晋女性服装衣料柔软轻薄，穿衣风格飘逸若仙。南北朝时期，由于受到北方匈奴、鲜卑、羯、氐、羌等少数民族的影响，陕西人的衣服样式朝着紧身窄小发

陕西服饰文化

广袖博衣
[东晋]顾恺之《斫琴图》（局部） 现藏于北京故宫博物院

展，下身穿连裆裤，便于劳动。女性服饰上身为衫、袄、襦，下身为裙，
款式上也吸收了少数民族服装的特点：上检下丰，衣身紧身合体，袖口宽
大；裙子多为裥裙，裙长曳地，下摆宽松，显得俊俏潇洒。男子服装一方
面出现了吸收了少数民族特点的新款服饰——袍服袖口收小，趋于紧身；
另一方面保留着汉民族的传统款式，衫袖口宽大，体现出魏晋南北朝时期
博衣褒带的整体特色。这一时期佛道儒三教并行，特别是道教盛行，一些
文人儒士沉迷于饮酒、习乐、吞丹、谈玄，服装形成"皆冠小而衣裳博
大，风流相放"风尚。他们将衣领敞开，袒露胸怀，蓬头垢面，不拘一
格。一些名士喜欢服用"五石散"，这种药含有石硫磺，有毒，服后皮肤
发烧，为了避免皮肤擦伤，非穿宽大衣服不可，结果大家都吃五石散，
"穿的衣都宽大，于是不吃药的也跟着名人，把衣服宽大起来了"[1]。

---

1. 鲁迅：《魏晋风度及文章与药及酒之关系》，见《鲁迅全集》（第三卷），人民文学出版社，1973年，
第495页。

由于受少数民族影响，穿"裤褶"在魏晋南北朝时期已较普遍。《晋书·舆服志》中记载裤褶为"近世凡车驾亲戎，中外戒严服之。服无定色……腰有络带以代鞶"[1]，颜师古注"褶"字说："褶，重衣之最在上者也，其形若袍，短身而广袖，一曰左衽之袍也。"上衣是齐膝大袖衣，下身穿肥管大裤，腰间系鞶带，即皮制的束衣带，上面挂着小皮囊。左衽是少数民族和西域胡人的服装款样，和汉族右衽款样形成鲜明对照。民族融合对汉族服装的影响非常大，上层社会男女也都穿裤褶，脚穿长鞾靴或短鞾靴。

"裲裆"本来也是少数民族服装，由戎装演变成民间服装。这种服装没有衣袖，只有前后两片衣襟，后来演变成背心或坎肩，男女通用。此外，半袖衫也比较流行，《晋书·五行志》记载，魏明帝着绣帽，披缥纨半袖衫与臣子相见。半袖衫多用缥色（浅青色），和汉族十二章服中的礼服颜色相悖，被后人斥为"服妖"[2]。

魏晋南北朝虽然承袭了秦汉服装传统，但是也有本时代的创新，杂裾垂髾服就是极为有创意的新型女装。杂裾服有两处特别的装饰，一是从围裳中伸出来的飘带叫"襳"，另一种是固定在

[北魏]腰挂弓囊的男俑
西安市南郊草场坡出土，
现藏于陕西省历史博物馆

鞾　音要，靴鞾、鞋鞾，即靴筒、鞋筒。

髾　音烧，一是指头发梢，二是指旌旗上悬垂的羽毛，三是指古代妇女妇女衣服下摆装饰的长带，上宽下尖，形如燕尾。

襳　音先，古代妇女上衣缝缀的用来作装饰的长带，具有舞动飘逸感。古人形容这种装饰为"蛮（飞舞状）襳垂髾"。

1. [唐]房玄龄：《晋书》（卷二十五），中华书局，1974年，第772页。
2. [唐]房玄龄：《晋书》（卷二十七），中华书局，1974年，第822页。

陕西服饰文化

南北朝时期士人洒脱不拘的穿衣形象
[北齐]杨子华《北齐校书图》（局部）　现藏于美国波士顿美术馆

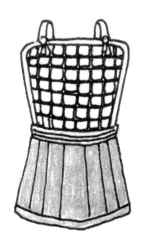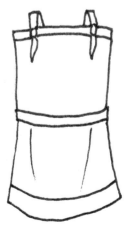

裲裆示意图

衣服下摆部位的带子，以丝绸织成，形状是上宽下尖的倒三角，层层相叠。女子穿上这样的衣服走路时，飘带拖得很长，随着步履一闪一跳，就像燕子飞舞一样，非常飘逸，所以又叫"飞燕垂髾服"。

　　魏晋南北朝流行的服装还有大袖衫，款式是对襟、束腰，衣袖宽大，两腋收线呈弧形下垂过臀形成大袖，袖口缀有一块与衣身颜色不同的贴袖，形成条色边，下面穿条纹间色裙。大袖衫传承了汉袍的基本款型，趋向简易化，穿着更加适体。大袖衫削减了礼袍的功用，增加了便服的性能，是服装和日常生活紧密结合的成功尝试。当时妇女的下裳除了穿间色裙以外，还有其他裙装，比如绛纱复裙、丹碧纱纹双裙、丹纱杯纹罗裙等。女裙的样式很多，名称很曼妙，做工很精致，质料颜色也比较丰富，比以前的服装大有超越。

穿翻领式紧身袍服的文士与侍从
[北齐]杨子华《北齐校书图》（局部）　现藏于美国波士顿美术馆

在装饰品中，这一时期最有名的是羽扇纶巾，相传由诸葛亮创制。纶巾是幅巾的一种，以丝绸织成，颜色为青色，又叫"诸葛巾"，被视为儒将的典型装束。诸葛亮辅佐刘备在四川、汉中一带经营政权，也曾"五出岐山"，在关中和陕南地区颇有影响力。明代王圻《三才图会》记载："诸葛巾，此名纶巾，诸葛武侯尝服纶巾，执羽扇，指挥军事，正此巾也。因其人而名之。"[1]这段文字不但解释了纶巾名称的由来，还将在什么场合穿戴都说得很清楚。不戴冠帽用幅巾束首，这是从西汉末年兴起的风气，一直延续到魏晋还很流行。《晋书·谢安传》中有"（谢）万着白纶巾，鹤氅裘，履板而前"。

纶　音关，纶巾，魏晋时创制的一种头巾。

[明]王圻《三才图会》中所附诸葛巾样式

头戴纶巾的诸葛亮
[清]南薰殿藏本《历代功臣像》（局部）
现藏于台北故宫博物院

1. [明]王圻、王思义：《三才图会》，上海古籍出版社，1988年，第1503页。

二

魏晋南北朝时期不流行汉代的垂髻，而流行巍峨耸峙的高髻，即把头发盘成环状，一环至数环不等，高耸于头顶，呈现出凌空摇曳的状态。这种发型和飘逸长鬘相搭配，把飘飘欲仙、秀骨清像的时代气质渲染得淋漓尽致。具代表性的发式有灵蛇髻、蔽髻、飞天髻、螺髻、警鹤髻[1]、撷子髻、十字髻、反绾髻等。灵蛇髻用拧或盘的方法把头发旋转着盘在头顶，形成像蛇盘曲一样形状的发髻。《广博物志》转引《采兰杂志》："（魏文帝）甄后既入魏宫，宫廷有一绿蛇，口中恒有赤珠，若梧桐子大，不伤人，人欲害之，则不见矣。每日后梳妆，（蛇）则盘结一髻于后前，后异之，因效而为髻，巧夺天工，故后髻每日不同，号为灵蛇髻。"[2] 蛇的形与神给梳妆的女

陕西服饰文化

身着杂裾垂髾服的女子
[东晋]顾恺之《烈女图》（局部）现藏于北京故宫博物院

---

1. 警鹤髻，又作"惊鹤髻"。
2. [明]董斯张：《广博物志》，岳麓书社，1991年，第239页。

090

女子的间色裙
[北魏] 女立俑
西安市南郊草场坡出土,
现藏于陕西省历史博物馆

性带来特殊的启迪和遐想，由此产生灵感，将其形神吸收为发髻的盘法。无论盘在头侧或头顶，都生发出一种灵动特异的美，变化无穷，生动传神。东晋画家顾恺之名画《洛神赋》中洛神就梳的是这样的发髻。

蔽髻是一种假髻，传说春秋时期鲁哀公在城墙上看见一个黑发如云的漂亮女子，就派人在这女孩头上剪了不少秀发，给王后吕姜作了一头假发戴上，一时间引起了宫女们和大臣家妻女的效仿，并流传于民间，对后世产生深远影响。《晋书》中有一段关于假发的故事。晋时有一人叫作陶侃，年轻时家境极其贫寒。有一次朋友范逵到陶家投宿，陶侃没有钱招待嘉宾，母亲湛氏就悄悄剪掉自己满头美丽的长发卖给邻人做假发，用换回来的钱招待范逵。范逵得知真相后赞叹道："非此母不生此子！"陶侃后来终成大器，这与母亲大气的作为对他的影响不无关系。晋成公的《蔽髻铭》对假髻作过专门叙述，说古代戴假髻有严格的规定，非命妇不得使用。元代马端临编撰的《文献通考》中记载："（蔽髻）魏制，贵人、夫人以下助蚕，皆大手髻。"[1]《晋书·五行志》也记载："太元中，公主妇女必缓鬓倾髻，以为盛饰。用发既多，不可恒戴，乃先于木及笼上装之，名曰假髻，或名假头。"[2]"大手髻""缓鬓倾髻"都是假髻，古时朝廷对蚕桑很重视，在亲桑时节，王（皇）后、宫妃、公主、贵妇等会戴上假髻，穿上盛装，参加礼仪活动。民间普通妇女也可以戴假髻，但没有命妇们那样排场讲究。北齐时发髻出现了很大的异化现象，假髻向"飞""危""邪""偏"等势态发展，《北齐书·幼主纪》记载："又妇人皆剪剔以着假髻，而危邪之状如飞鸟，至于南面，则髻心正西。始自宫内为之，被于四远，天意若曰元首剪落，危侧当走西也。"[3]假髻发展到南北朝已经没有节制，这是社会自由发展的一种表现。

飞天髻始于南朝宋文帝时，最初在宫中流行，后来传至陕西民间。

1. ［元］马端临：《文献通考》，中华书局，1986年，第793页。
2. ［唐］房玄龄等：《晋书》，中华书局，1974年，第826页。
3. ［唐］李百药：《北齐书》，中华书局，1999年，第76页。

《宋书·五行志》记载："宋文帝元嘉六年（429年），民间妇人结发者，三分发，抽其鬟直向上，谓之'飞天紒'。始自东府，流被民庶。"[1] 据说这种发式是受灵蛇髻而创制的，梳的时候是将头发掠盘到头顶，分成几绺，每绺弯成圆环，直耸于头顶，酷似佛教壁画中的飞天神女形象，故取名为"飞天髻"。

螺髻形似螺壳，在北朝时非常流行。北朝崇尚佛教，据传说佛发多为绀青色，长一丈二尺，向右萦绕，做成螺旋形，因而流行这种发式。各种各样的螺旋形发髻流行到唐代还不过时，可见其魅力之大。在北魏流传下来的一些佛教塑像、壁画、典籍等资料中，均可见贵妇或仕女等梳着这样的发髻。

警鹤髻兴起于魏宫，流行于南北朝，在唐五代仍然盛行不衰，传说"魏宫人好画长眉，今多作翠眉，警鹤髻"。[2] 警鹤髻是将发髻梳成两扇羽翼形状，宛若鹤鸟受惊之情状，作出展翅欲飞的姿势。

撷子髻是晋代妇女典型的发髻，相传由晋惠帝皇后贾南风首创，"撷子"是套束的意思，这种发式是将头发辫成环状，用彩带束住。但这种发型没有流传开来。

十字髻是先在头顶挽出个实心髻，然后再将头发分成两绺，各绕一绺垂在头顶两侧，呈现出十字形，脸的两侧还留有长长的鬓发。这种发型在两晋很流行。

反绾髻是一种高髻，先在魏宫流行，后流行于民间。这种发髻的梳法是先将头发向后拢，并用丝带结扎，再分成很多绺，翻绾成各种不同式样的发髻。比如鸟儿受惊欲飞状的"警鸿髻"、单刀或双刀式的"翻刀

绾　音晚，指把长条形的东西盘绕起来打成结。

---

1. [梁]沈约：《宋书》，中华书局，1974年，第890页。
2. [晋]崔豹：《古今注》，中华书局，1985年，第21页。

灵蛇髻
[东晋]顾恺之《洛神赋图卷》（局部）
原图分为几部分，现分别藏于中国大陆、台湾省台北市及美国

侧髻
[东晋]顾恺之《女史箴图》（局部）
现藏于英国国家博物馆

撷子髻

髻"，繁复如花瓣的"百花髻"等等，样式可随心所欲，全凭梳发人临时的创意发挥。还有人在反绾的发髻下留一条发尾垂于背后，称为"燕尾髻"或"分髾髻"，汉代曾流行过这种发髻。

魏晋南北朝还流行过函烟髻、云髻、盘桓髻、芙蓉髻、太平髻、回心髻、双髻、飞髻、秦罗髻等。女子们喜欢以簪花、珠翠和各种鲜花作为发髻上的点缀装饰，这种装饰风格成为宋明后妃凤冠的先声。

魏晋南北朝是一个极为崇尚艺术化的历史时代，体现在生活的方方面面，妇女脸部妆容更是这样，化妆形式及名称花样百出，其总体特点是彩妆异常繁盛，主要以红妆为主，还有白妆、墨妆、紫妆、额黄妆等。

红妆也叫红粉妆，是用胭脂涂染脸颊，使脸颊更加美艳动人。梁武陵王《明君词》写道："谁堪览明镜，持许照红妆。"做红妆用的胭脂种类比秦汉时大有发展，出现了绵胭脂和金花胭脂。绵胭脂是一种便于携带的化妆品，以丝绵卷成圆棒浸染红蓝花汁而成，可用以敷脸或画唇。金花胭脂是一种薄片化妆品，用金箔或纸片浸染红蓝花汁而成，使用时稍微蘸唾液使之溶化，即可涂抹面颊或点染嘴唇，能够画出极好的妆容。

紫妆是用紫色的粉敷面，相传是魏时宫女段巧笑创制，很快流行到陕西。崔豹《古今注》记载："魏文帝宫人绝所爱者，有莫琼树、薛夜来、田尚衣、段巧笑四人，日夕在侧。琼树乃制蝉鬓，缥缈如蝉，故曰'蝉鬓'。巧笑始以锦衣丝履，作紫粉拂面。尚衣能歌舞，夜来善为衣裳，一时冠绝。"[1] 段巧笑用紫粉拂面是一种创造，因为前无古人这样做。她先用紫粉打底，再进一步化妆，面颊呈现出紫色，给人以异样的视觉效果，深得魏文帝的欢喜。北魏贾思勰在《齐民要术》中较为详细地记载了紫粉化妆的方法："作紫粉法，用白米英粉三分，胡粉一分，和合均调。取落葵子熟蒸，生布绞汁和粉，日曝令干。若色浅者，更蒸取汁，重染如前

1. ［晋］崔豹：《古今注》，中华书局，1985年，第21页。

飞天髻
[北朝]甘肃酒泉丁家闸北凉墓壁画《乐伎与百戏图》（局部）

法。"[1] 至唐代，人们又在配方中掺入银朱粉，调配出红色粉，能画出更好的效果。明代宋应星在《天工开物》中也记有"紫粉，赧红色，贵重者用胡粉、银朱对和，粗者用染家红花滓汁为之"[2] 的话，可以作为印证。

墨妆发源于北周，以黛妆饰面部，不施用脂粉。《隋书·五行志》说："后周大象元年（579年）……朝士不得佩绶，妇人墨妆黄眉。"唐代宇文氏《妆台记》也说："后周静帝，令宫人黄眉墨妆。"从这些典籍文字中可知，墨妆是要和黄眉搭配的，这在色彩搭配中虽不是上乘配法，但在北朝时却受到宫女的喜爱。这和时代流行时尚有关，可以看做是特殊的色彩点缀习俗。唐代画家张萱在《疑耀》中记载："后周静帝时，禁天下妇人不得用粉黛，今宫人皆黄眉墨妆。墨妆即黛，今妇人以杉木灰研末

1. [北魏]贾思勰：《齐民要术》，商务印书馆，1920年，第72页。
2. [明]宋应星：《天工开物》，商务印书馆，1920年，第277页。

抹额，即其制也。"[1] 由此可知，唐代墨妆的化妆颜料是用杉木灰做成的，至于北周时期化墨妆的颜料材质则无据可考了。

"额黄"也叫"鹅黄""鸭黄""贴黄""宫黄"等，是一种古老的面部装饰，因用黄色颜料染画在额头，所以叫"额黄"。据张萱《疑耀》所说"额上涂黄亦汉宫妆"可知，"额黄"大致起源于汉代宫廷，在魏晋南北朝流行于民间，其流行和佛教有关，女人们从佛像的金色外装受到启发，便把自己的额头涂染成黄色，以获得神圣感，因而这种妆容又被称为"佛妆"。北朝妇女除了在额前涂染黄色外，还有人用金箔剪成花鸟和日月星辰等形状，用鱼鳔所制成的胶粘在额头，这种妆饰叫"花黄"，贴花黄实际上已经算是花钿妆饰了。北朝民歌《木兰诗》里有"对镜贴花黄"的句子，说明"花黄"在东汉时就已经流行了。

啼妆与半面妆是魏晋时期怪异的彩妆形式，啼妆从东汉后期开始流行，"啼妆者，薄饰目下，若啼处"[2]，在魏晋时期更为流行，南朝时梁朝的何逊《咏七夕》诗写道："来观暂巧笑，还泪已啼妆。"梁简文帝《代旧姬有怨》诗也写道："怨黛愁还敛，啼妆拭更垂。"都是描写这种化妆效果的。半面妆更为奇异，只画半个脸的妆，而且左右脸颊的颜色还不一样。半面妆出自南朝梁元帝徐妃之手，《南史·梁元帝徐妃传》记载徐妃因梁元帝只有一只眼睛而故意嘲弄于他，"每知帝将至，必为半面妆以俟，帝见则大怒而出"。可见半面妆并不受欢迎，但是化妆的人却心有偏爱。后世人以"妆半"来赞徐妃貌美，李商隐就有诗称"休夸此地分天下，只得徐妃半面妆"。

斜红也是魏晋时期奇特的化妆形式。这是一种斜形妆饰，形状如同月牙，色泽艳红，妆饰于眉毛和鬓发之间。可画在脸颊一边，也可以画在脸颊两边，样式很多，立意奇特。有的还故意描画成残破状貌，宛若刀痕一

1. [唐]张萱：《疑耀·粉》，见《文渊阁四库全书·子部》（影印版），台湾商务印书馆，2003年，第223页。
2. [南朝·宋]范晔撰，[唐]李贤等注：《后汉书》，中华书局，1999年，第2225页。

梳头侍女发髻上插着珠翠花簪
[东晋] 顾恺之《女史箴图》（局部） 现藏于英国国家博物馆

般；也有画成卷曲花纹形状的。五代时张泌所写《妆楼记》中记有这样的故事：魏文帝曹丕宫中新添了一个美女薛夜来，曹丕对她很宠爱。一天夜里，曹丕在宫中读书已晚，薛夜来想给他加件衣服，不料想一头撞在水晶屏风边上，顿时脸颊鲜血直流，痊愈后脸颊留下一道疤痕。曹丕不但没有嫌弃她，反而对她恩爱有加。其他宫女见了很羡慕，于是也纷纷用胭脂在自己脸上画上一道血痕，取名为"晚霞妆"，后来逐渐演化为特殊的化妆形式——斜红。南朝《艳歌篇》诗中写道："分妆间浅靥，绕脸傅斜红。"说的就是这种妆容。

侍女脸上的妆容
[北齐]杨子华《北齐校书图》（局部） 现藏于美国波士顿美术馆

兼收并蓄，华彩倾国

——服饰文化潮流的引领

隋王朝结束了自东汉以来361年的离乱历史，重建了中华统一完整的大帝国版图，但其仅存在38年，就被唐朝所取代，中国历史上出现了一个更加辉煌强大的盛世。中国政治、经济、文化的中心又回到了关中，服饰的发展也呈现出辉煌灿烂的景象。很多服装样式一经问世，很快就流行到全国各地，有的还在中国服装史上留下永久影响。

隋唐京城都建在关中长安，于是长安再次成为流行服饰的发源地。

隋代起初延续了秦汉时期的服饰旧制，到隋炀帝执政，朝廷才草拟了简单的服饰制度。《隋书·礼仪志》记载："及大业元年（605年），……宪章古制，创造衣冠，自天子逮于胥皂，服章皆有等差。若先所有者，则因循取用，弘等议定乘舆服，合八等焉。""至（大业）六年（610年）后，诏从驾涉远者，文武官等皆戎衣。贵贱异等，杂用五色。五品以上，通着紫袍，六品以下，兼用绯绿，胥吏以青，庶人以白，屠商以皂，士卒以黄。"[1]统治者虽然制定了服饰制度，但并没有认真执行。隋炀帝经常下扬州、杭州一带游玩，与臣子们穿戎装出行，破坏了着装秩序，受到后人朱熹等人的批评。各阶层的人们穿衣也不严格遵守规定，所以服饰制度形同虚设。

从总的情况看，隋代初年服饰风格比较简朴，隋炀帝之后渐趋奢侈淫逸，隋炀帝也是"盛冠服以饰其奸，除谏官以掩其过"。

唐朝初年，服饰沿袭隋制，到唐高宗武德四年（621年），朝廷正式颁布了车舆、衣服法令，确定了本朝的冠服制度。

唐代男子的首服"幞头"在服饰发展的历史中很有影响。幞头是一种包头的巾帛，肇始于北周。从头巾角度考量，幞头早在汉代已经较为普遍流行了，到了南北朝北周时，正式得名"幞头"，隋唐时期成为男子的主

> 幞头　古代男子所戴的一种头巾，幞，音符。

1.［唐］魏征等撰，吴宗国、刘念华等标点：《隋书》（卷一～卷三一），吉林人民出版社，1995年，第163、174-175页。

隋炀帝像
[唐]阎立本《历代帝王图》（局部）　现藏于美国波士顿美术博物馆

要首服。《隋书·礼仪志》说："巾，案《方言》云：'巾，赵、魏间通谓之承露。'《郭林宗传》曰：'林宗尝行遇雨，巾沾角折。'又袁绍战败，幅巾渡河。此则野人及军旅服也。制有二等。今高人道士所著，是林宗折角；庶人农夫常服，是袁绍幅巾。故事，用全幅皂而向后襆发，俗人谓之襆头。自周武帝裁为四脚，今通于贵贱矣。"[1] 从引文可以看出，襆头和幅巾的区别主要在角（时人称之为"脚"）上：襆头是经过改造后的幅巾，四角呈带状，通常以"二带系脑后垂之；二带反系头上，令曲折附顶"[2]，从远处看，背后似乎有两条飘带，由于另外两角反折向上系结在头顶，所以把襆头又叫"折上巾"。唐初，大臣马周向李世民建议，以巾"裹头者，左右各三褶，以象三才，重系前脚，以象二仪"[3]，李世民认可了马周的建议，并向全国下诏颁行。《唐会要·舆服上》说："巾子，武德初始用之，初尚平头小样者。天授二年（691年），则天内宴，赐群臣高头巾子，呼为武家诸王样。景龙四年（710年）三月，内宴，赐宰臣以下内样巾子，其样高而踣，皇帝在藩时所冠，故时人号为英王踣样。开元十九年（731年）十月，赐供奉及诸司长官罗头巾及官样圆头巾子。永泰元年（765年），裴冕为左仆射，自创巾，号曰仆射样。太和三年（829年）正月，宣令诸司小儿，勿许裹大巾子入内。"[4] "英王踣样"是唐中宗李显在位时流行的襆头样式；开元年间流行于宫廷，所以被称为"内样"，也有人把它叫做"开元内样"，样式比英王踣样更高一些，头部略显尖形。襆头的两"脚"有多种形制。最初是做成两条带子从脑后自然垂下，或到颈部，或垂过肩头；后来两脚逐渐缩短，有人将两脚反曲朝上，插进脑后结内。由于襆头的双脚是用轻薄柔软的质料做成，所以又称为"软脚襆头"。中唐以后，襆头两脚样式或者下垂，或者上举，或者斜

1. 魏征等撰，吴宗国、刘念华等标点：《隋书》（卷一～卷三一），吉林人民出版社，1995年，第170页。
2. ［宋］沈括：《梦溪笔谈》，中华书局，2009年，第11页。
3. ［宋］欧阳修、宋祁：《新唐书》，中华书局，1975年，第527页。
4. ［宋］王溥：《唐会要》，中文出版社，1978年，第579页。

耸在一边，或者交叉在脑后，先是梭子式，再是腰圆式，几种样式区别很明显。晚唐时幞头样式由软式前倾演变为硬式略见方折，这种样式出自鱼朝恩等人。从五代起，幞头两脚由软翅变为硬翅，并开始向两侧平展，到宋代定型为展翅漆纱幞头。

唐朝时纱帽也很流行。纱帽始见于南朝，当时是朝野共服的首服。到唐代，纱帽一般被作为视朝听讼和宴见宾客的首服，在儒生隐士中也广泛流行。从隋唐遗留的文物史籍中可知，纱帽发展为乌纱帽，与圆领窄袖衣服、红鞓带、乌皮六缝靴等，搭配为当时上下通行的服装，连帝王也是这样穿着。据世传宋人临摹唐代画家阎立本所绘《唐太宗画像》看，唐太宗头戴乌纱帽，身穿圆领窄袖龙袍，腰束红鞓带，脚穿乌皮六缝靴，这种装束和文字记载是相同的。纱帽的样式没有统一规定，由个人喜好而定，多

圆头巾子
[唐]彩绘胡人文吏俑
陕西省礼泉县初唐郑仁泰墓出土，现藏于陕西省历史博物馆

幞头示意图

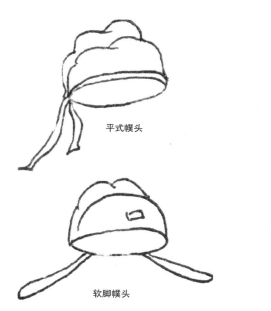

平式幞头

结式幞头

软脚幞头

折上巾

方折幞头
[唐]彩绘男立俑
现藏于陕西省历史博物馆

结式幞头
[唐]彩绘男俑
现藏于陕西省历史博物馆

緇 音训，绦子，用丝线编织成的各种带子。

鍮 音偷，像金一样的石头。

帨 音税，古代佩巾，功能类似于现在的手绢。

绸 音绸，同绸，丝绸品。

钤 音前，图章。

陕西服饰文化

[唐]阎立本《唐太宗立像》
现藏于台北故宫博物院

以新奇、充满个性为时尚，颜色分为黑白两种。唐代诗人张籍在《答元八遗纱帽》中写道："黑纱方帽君边得，对称山前坐竹床。唯恐被人偷剪样，不曾闲戴出书堂。"

绣袍是唐代官员正统的服装，根据衣冠制度，按官品高低穿着，以颜色图案来区分官品高低。《新唐书·车服志》记载："既而天子袍衫稍用赤、黄，遂禁臣民服。亲王及三品、二王后，服大科绫罗，色用紫，饰以玉。五品以上服小科绫罗，色用朱，饰以金。六品以上服丝布交梭双紃绫，色用黄。六品、七品服用绿，饰以银。八品、九品服用青，饰以鍮石。勋官之服，随其品而加佩刀、砺、纷、帨。流外官、庶人、部曲、奴婢，则服䌷绢绝布，色用黄白，饰以铁、铜。"[1] 唐代袍衫以颜色和饰物的品类来区分官职高低。武则天时，赐给大臣们一种新的官服——绿袍，上面按官职高低绣着不同的禽兽纹样。《旧唐书·舆服志》记载："则天天授二年（691年）二月，朝集使刺史赐绣袍，各于背上绣成八字铭。长寿三年（694年）四月，敕赐岳牧金字银字铭袍。延载元年（694年）五月，则天内出绯紫单罗铭襟背衫，赐文武三品以上。左右监门卫将军等饰以对师（狮）子，左右卫饰以麒麟，左右武威卫饰以对虎，左右豹韬卫饰以豹，左右鹰扬卫饰以鹰，左右玉铃卫饰以对鹘，左右金吾卫饰以对豸，诸王饰以盘龙及鹿，宰相饰以凤池，尚书饰以对雁。"[2] 这种以禽兽作为袍服纹样装饰图案的做法，开启了明清时期官服"补子"的先河，是一种创举。唐代官服上的图案还有鸾衔长绶、鹤衔瑞草、雁衔威仪、俊鹘衔花、地黄交枝、双距十花绫六种。

唐代官服颜色最初以黄紫两色为主，从唐高宗总章元年（668年）开始，黄色被规定为皇帝专用色，皇帝以外任何人不允许再服黄色。紫色是三品以上官员服色，后来四品服为绯色，五品服为浅绯，六品服为深绿，

1. [宋]欧阳修、宋祁：《新唐书》，中华书局，1975年，第527页。
2. [后晋]刘昫等：《旧唐书》，中华书局，1975年，第1953页。

七品服为浅绿，八品服为深青，九品服为浅青，百姓服为黄白色。

官员所系的腰带也有规定，不同官级用不同质料的腰带。《事物纪原》说："上元元年（674年），自三品官至庶人各有等制，以金、玉、犀、银、鍮、鉒、铜、铁为饰，自十三銙至六銙。"由于深受胡服影响，革带也是从胡服中的"蹀躞"演变而来的。王国维在《胡服考》说："其带之饰，则于革上列置金玉，名曰校具，亦谓之鞊，亦谓之环。其初本以佩物，后但致饰而已。"腰带为皮革面，上有雕镂复杂图案的银带饰，装饰在丝带上。当时革带叫"鞓"，在革带连接处还有扣。《事物纪原》说："自古皆有革带及插垂头，取顺下之义，名铊尾。"銙饰和铊尾饰共同附在鞓上，成为整套的带饰。现在出土的遗物多已腐朽，无法恢复原状。1970年在西安市何家村发现的唐代窖藏文物中，除了大量的金银器外，玉制腰带就有十副以上。这些玉带饰件都是盛唐时期贵族所佩戴的，当时一副玉带銙值钱三千贯，每贯为一千足文，十副玉带銙值三百万钱，按天宝年间的米价，三百万钱可买米二十三万多斗，由此可见，统治阶级的奢侈达到极其惊人的程度。腰带的銙一般是方形装饰，其数量和质料是区别品级的重要标志。《新唐书·车服志》记载："（唐高宗显庆）其后以紫为三品之服，金玉带銙十三；绯为四品之服，金带銙十一；浅绯为五品之服，金带銙十；深绿为六品之服，浅绿为七品之服，皆银带銙九；深青为八品之服，浅青为九品之服，皆鍮石带銙八；黄为流外官及庶人之服，铜铁带銙七。"[1]銙在带上的位置列于腰后，最初是挂环悬物用的，以后才演变为銙饰；铊尾也写成"獭尾"，是皮带头的装饰，最初是起保护皮带头的作用，后来渐渐演化为美化作用。《新唐书·车服志》说"腰带着，摺垂头于下，名曰铊尾，取顺下之义"，赋予了它文化意义。铊尾最早可从扣中穿过，后来将铊尾用链子悬挂于带的左方，完全成为一种装饰品。20世纪50年代末蜀王墓中出土有玉带的銙和铊尾，全是以白玉雕刻

1. [宋]欧阳修、宋祁：《新唐书》，中华书局，1975年，第529页。

銙 音垮，古代腰带上的饰物。

蹀躞 音叠谢，同鞢䩞，中国西北少数民族传统饰物，原为北方游牧民族腰间佩挂的实用小工具，蹀躞意指马小步缓行，即在马背上可顺手取用的小工具，后来蹀躞发展为在马背戴的小盒，其中装有小刀、小铲、小钩、耳勺、簪、火镰、牙签等用具。

鞊 音餮，一种鞍饰、鞍具。

鞓 音停，古代官员所用皮带，以红色为主。

铊 音它，一种金属名。

搢 音晋，插。

身穿裲裆，前胸衣服上绣有花卉图案的文官
[唐]彩绘贴金文官俑
陕西省礼泉县郑仁泰墓出土，现藏于陕西省历史博物馆

身着礼服的帝王群臣像
[初唐]莫高窟第220号窟壁画《维摩诘变》

身穿官服的唐朝官员（图左三人）
[唐]陕西唐代李贤墓壁画《宾客图》

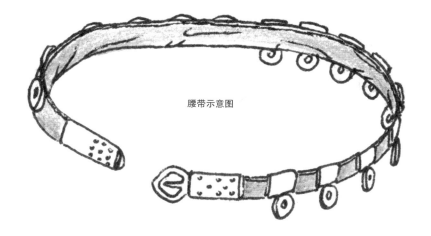

腰带示意图

[唐]蹀躞玉带
陕西西安何家村出土，现藏处不详

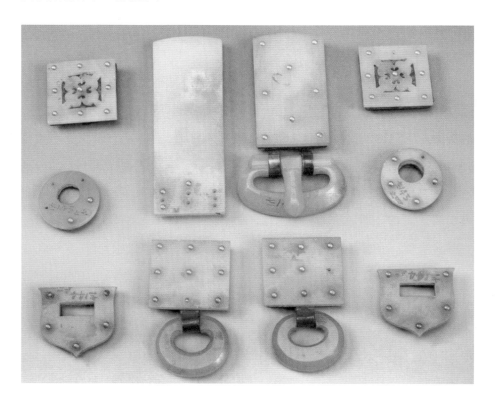

成纹，铊尾背面刻有细密工整的铭文："永平五年（915年）乙亥，孟冬下旬之七日，荧惑次尾宿。尾主后宫，是夜火作，翌日于烈焰中得所宝玉一团。工人皆曰：'此经大火不堪矣。'上曰：'天生神物，又安能损乎！'遂命解之，其温润洁白异常，虽良工目所未睹。制成大带，其胯（銙）方阔二寸，獭尾（铊尾）六寸有五分。夫火炎琨岗，玉石俱焚，向非圣德所感，则何以臻此焉！谨记。"[1] 这段文字记录了蜀国制作玉带的过程，特别是"向非圣德所感，则何以臻此焉"一句意在歌颂封建帝王的"功德"。1960年陕西乾县唐永泰公主墓中出土了十三件铜质带扣，虽然没有花纹，但制作都比较精致，与带扣配套的还有不少带头和带箍

铊尾垂于腰后左侧腰带下方　示意图

等，还有一些方形、菱形或六角形的花形饰件。带头就是类似铊尾的东西，一边是尖角形，整体铸成几何形的蔓卷花纹，带箍是一个近于长方形的铜圈，束带时以收拢多余部分。这些带饰的尺寸都很小，最长的不超过3厘米，可以推测可能是一套蹀躞带的零件。

　　鱼袋是唐代官员特别的佩戴物。唐王朝是李家的天下，所以鲤鱼就成为李唐王朝的图腾，并有特别的法令予以保护。对此，宋代吴仁杰说："符契用鱼，唐制也……盖以'鲤''李'一音，为国氏也。"[2] 甚至在开元三年（715年）、十九年（731年），唐玄宗曾两度下令禁止民间捕捞鲤

荧惑　火星。

---

1. 冯汉骥：《王建墓内出土"大带"考》，《考古》，1959年第8期。
2. 转引自孙机：《中国古舆服论丛》，文物出版社，1993年，第355页。

骑手腰间系着带铊尾的腰带
[唐]韦偃《双骑图》　现藏于台北故宫博物院

鱼，对违令者责六十大板，引以为戒。官员随身佩挂鱼符，为出入宫廷时防止伪诈而特设。《新唐书·车服志》说："宫殿门、城门，给交鱼符、巡鱼符。……随身鱼符者，以明贵贱……高宗给五品以上随身鱼银袋，以防召命之诈，出内必合之。……天授二年（691年），改佩鱼皆为龟。……中宗初，罢龟袋，复给以鱼。郡王、嗣王亦佩金鱼袋。……开元初，驸马都尉从五品者假紫、金鱼袋，都督、刺史品卑者假绯、鱼袋，五品以上检校、试、判官皆佩鱼。"[1]佩鱼袋是一种身份的标志，也相当于通行证，如果佩戴者亡故，鱼袋必须收缴。后来这个制度不断发生变化，安史之乱以后，鱼袋的赏赐制度形同虚设，没有官位的人也可以随意佩戴，失去了它

1．[宋]欧阳修、宋祁：《新唐书》，中华书局，1975年，第525—526页。

唐朝赞礼官身穿红衣，腰间挂帛鱼
（宋人认为此为鱼袋的前身）
[唐]阎立本（传）《步辇图》（宋人摹本）
现藏于北京故宫博物院

幂篱　音迷离，这是古时女子用来遮蔽面部的一种头饰，是从魏晋南北朝后期到唐代流行的一种面罩，用黑色丝织物做成，长不过腰，下拖飘带，正面开有圆孔，以露出眉眼，其余面部全部遮住。

原本的职能。唐末以后，鱼袋徒具形式，已无身份意义，最终消失。

唐朝时期，关中的种桑、养蚕业很发达，朝廷设立了治绫局，生产出的绫罗锦缎和毛织物品种多样、色彩华美、花纹精细。此时还有用植物纤维加工制成的纺织品，服装材料比以前更加丰富。但广大劳动者却在穿着方面受到诸多限制，庶民百姓被禁止穿着鲜红、翠绿的衣服，只能穿着黑白或本色布衣。平民的服装样式也受到了限制，如衫子的穿着，规定两边开衩比较高，这样的款型叫做"缺胯衫"，以区别于其他阶层人的穿着。《新唐书·车服志》记载："是时士人以棠（枲）苧（麻布）襕衫为上服，贵女功之始也……中书令马周上议：'《礼》无服衫之文，三代之制有深衣。请加襕、袖、褾、襈，为士人上服。开骻者名曰缺胯衫，庶人服之。'"[1]由于受到政治经济地位等方面的限制，广大劳动者生活艰苦，连粗糙的

1. [宋]欧阳修、宋祁：《新唐书》，中华书局，1975年，第527页。

陕西服饰文化

麻布衣料也难以得到，因此无论气候温凉寒暑，他们的衣服通常都裁制短小，仅保证御寒或凉爽的实用功能，以适于从事田野间体力劳动的要求。农民因从事劳动的需求，一年四季头上戴着毡帽、斗笠等，或者系粗短的头巾，这样的着装，历来都如此。据史料记载，到宋代以后，为了表示尊重农民，朝廷特别立下法令，允许农民戴着笠帽进城。但是，常年从事体力劳动，为着生计整天奔忙，还要缴纳繁重的赋税，除了购买必需品，农民哪有空闲时间进城，哪有休闲的时间。

唐代有一些不当权的地主、还有一些经济条件殷实的读书人，他们过着隐逸、逍遥的日子，称为"野老"。他们穿着合领的宽大衣服，这样的衣服称为"直裰"或者"道袍"，从唐代一直流行到明代，是很实用的民间服装。

平民或社会地位低下的士人，多戴尖毡帽，穿麻练鞋，平时还要把衣角撩起来，扎在腰带里，以便于劳动或者服役。

唐代妇女服装中具有代表性的款式很多，早期的有羃䍦、帷帽、胡服、袄裙、衫襦等。唐代是封建社会最强盛的时期，表现在服装上就是妇女衣着华丽开放。但是最初还是保守的，如羃䍦、帷帽。《旧唐书·舆服志》记载："武德、贞观之时，宫人骑马者，依齐、隋旧制，多着羃䍦。虽发自戎夷，而全身障蔽，不欲路途窥之。王公之家，亦同此制。永徽之后，皆用帷帽，拖裙到颈，渐为浅露。寻下敕禁断，初虽暂息，旋又仍旧。咸亨二年（671年）又下敕曰：'百官家口，咸预士流，至于衢路之间，岂可全无障蔽。比来多着帷帽，遂弃羃䍦，曾不乘车，别坐檐子。递相仿效，浸成风俗，过为轻率，深失礼容。前者已令渐改，如闻犹未止息。又命妇朝谒，或将驰驾车，既入禁门，有亏肃敬。此并乖于仪式，理须禁断，自今已后，勿使更然。'则天之后，帷帽大行，羃䍦渐息。中宗即位，宫禁宽弛，公私妇人，无复羃䍦之制。"[1]羃䍦用轻薄黑色纱罗做

1. ［后晋］刘昫等：《旧唐书》，中华书局，1975年，第1957页。

雨中耕作时头戴斗笠身穿短衣的农民
[唐]敦煌莫高窟第23窟

头戴毡帽赤膊赤脚工作的屠户
[唐]莫高窟第85窟壁画

成，妇女出门时戴上，披体而下，障蔽全身，起到遮蔽面部的作用，为的是不让路人看见她的面容。在唐代之前，羃羅本是西域少数民族的一种装束，不仅妇女用，男子也用。《旧唐书·吐谷浑传》说，"男子通服长裙缯帽，或戴羃羅"。到了唐代，基本成为女性服装。羃羅在唐代前期的长安城随处可见，也成为当时长安城的一道风景。

唐高宗永徽年间，长安城又流行帷帽，逐渐代替了羃羅。帷帽的前身是围帽，这是一种用藤条编成的笠状、周边围以丝网形成帽裙的女帽。唐人刘存在《事始》中引《实录》关于"女人戴者，其四边垂下网子，饰以珠翠，谓有障蔽之状"的记载，指的就是这种围帽。与羃羅相比，帷帽更加开放，不但穿戴方便，而且戴帽人的面部也"浅露"在外面。这对于千百年来一直不能在社会上抛头露面的妇女来说，是一件具有解放意义的大事。随着社会风尚的进一步开放，唐代女子的爱美之心和解放意识越来越强烈。到了开元之初，长安妇女们已经不再惧怕旧有的传统习俗，敢于"露髻驰骋，或有著丈夫衣服靴衫"[1]，大胆地将封建礼俗抛在了一边，将自己的喜好和追求放在第一位。

从羃羅到帷帽、胡帽，从"拥蔽其面"到"渐为浅露"直至"无复障蔽"，唐代长安女性大胆追求以露为美的时尚，这是对千百年来压制妇女爱美之心的服饰习俗的颠覆，也是女性依照自身条件和审美理想大胆装饰自己的一个开端，更是以唐代长安为先驱的女服改革史上的巨大进步。这也表明了当时社会文化开放程度是史无前例的，但这样的盛景在后来的封建王朝里再也不曾出现过。

唐代文化是极具鲜明时代特色和浓郁民族风格特征的开放型文化，其深厚凝重和博大精深的文化内涵不仅为后世文明奠基，而且对世界上其他国家也产生了巨大影响，由此成为世界文化的重要组成部分。唐代文化发达的原因主要在于国家统一强盛，经济发达，为文化的繁荣奠定了雄厚的

1. 见[后晋]刘昫等：《旧唐书》，中华书局，1975年，第1957页。

头戴帷帽的骑马女子
[唐]李昭道《明皇幸蜀图》
现藏于台北故宫博物院

物质基础。唐代统治者推行对外开放和兼容并蓄的政策，为文化发展创造了有利条件和宽松氛围。另外，中国和亚非欧大陆都有了频繁的往来，各国各民族之间交往频繁密切，国人眼界和视域更加宽广，同时大量吸收外部文化优秀成分，中华民族文化也增添了刚劲、豪放、热烈、活泼的多元色彩。唐代大诗人王维在《和贾至舍人早朝大明宫之作》中写道："绛帻鸡人报晓筹，尚衣方进翠云裘。九天阊阖开宫殿，万国衣冠拜冕旒。日色才临仙掌动，香烟欲傍衮龙浮。朝罢须裁五色诏，佩声归到凤池头。"诗里涉及的服装内容不少："绛帻"指的是用红布包头似鸡冠状；"鸡人"是指天将亮时有头戴红巾的卫士，在朱雀门外高声喊叫，好像鸡鸣，呼唤百官该起床了；"尚衣"是唐代尚衣局的官员，掌管皇帝的衣服；"翠云裘"是指饰有绿色云纹的皮衣；"衣冠"既指代朝廷文武百官，也指前来朝贺的外国使者；"冕旒"专指皇帝；"仙掌"是指障扇，宫中的一种仪仗，用以蔽日障风；"衮龙"指代皇帝的龙袍；"浮"是指袍上锦绣光泽的闪动。几乎每天上午固定的时辰里，唐朝大臣、外国使节都会云集大明宫参拜"天可汗"，万岁之声响彻云霄。场面盛大壮观，五彩服饰辉煌耀眼，这也是接受外来文化和传承民族文化的结果。

头戴胡帽的女子
[唐]三彩女骑俑
陕西省礼泉县张士贵墓出土，现藏于陕西省历史博物馆

唐代仕女"半掩半露",以露为美的服饰风
[唐]周昉《簪花仕女图》 现藏于辽宁省博物馆

一

　　盛唐时,京城长安妇女以露为美的意识极为强烈,服装设计也更加大胆。最能体现这种服装观念的是衣领上层出不穷的变化。宽松大方的圆领、方领、直领、鸡心领与传统的紧窄斜领并行不悖,而袒领最为夸张。这种衣领开得特别大,不仅脖子全部暴露,而且连胸部也处于半掩半露状态。"绮罗纤缕见肌肤"[1]的诗句写的就是这样的服装，它以薄纱为料，裁制宽大，穿起来飘逸舒展，肌肤毕露，其装饰性和暴露程度都堪称中国古代服装史上的奇观。

京城长安女性流行穿色彩艳丽的服装，很少受朝廷的服饰制度约束。在颜色的搭配方面，表现出超常的想象力，在服装式样的创新和对旧有服装款式的改造利用方面，也表现出超越常规的创造力。当时最名贵的"百鸟毛裙""石榴裙""郁金裙"等达到了服装艺术审美的极致，也积淀了特别的文化意蕴，这些美丽的衣裙彰显了唐代服饰审美不同于历史上其他任何朝代的突出而独特的风尚，这也是盛唐时代精神和青春气象在服装创造方面表现出来的美学特征。

穿裙的时尚起自汉代，随着社会的发展和生产技术水平的不断提高，裙子的款式与制作工艺也在不断更新。汉代的襦裙受深衣的影响，或阔大广博或紧身适体，却较少装饰，体现出一种崇尚自然的朴素风格。魏晋时期的裙装明显地受到佛教和玄学的影响，裙子的式样和装饰更加趋向表现女性的身体特征，追求飘柔的线性效果。著名的"杂裾垂髾裙"燕尾形的裙身突破了汉服或深衣的形式，那随风飘动的彩带所产生的美学效果将这一时期的裙装推向了更高水平。但无论襦裙还是杂裾垂髾裙，其基本的裁制方法及紧身适体的特点是一样的；唐代的裙装则有了较大突破，勇于创新的社会文化氛围以及无拘无束的自由审美意识，这都在这一时期的裙装上得到了充分体现。

从用料上看，为了体现宽大飘逸，唐代妇女的裙子大多要用六幅以上的布帛拼制缝合而成。从《新唐书》记载的布幅尺寸推算，当时的六幅不少于今天的三米。除六幅裙以外，还有用八幅材料裁制成的裙子，可见当时妇女裙装的宽广。唐诗中"裙拖六幅湘江水"[2]反映的就是这种情况。

---

1. 见[后蜀]欧阳炯《浣溪沙》。
2. 见[唐]李群玉《同郑相并歌姬小饮戏赠》（一作《杜丞相筵中赠美人》）。

除宽博以外，长度上也比前代有了明显的增加，裙裾曳地是常见的现象。为了显示裙子的修长，妇女们多将裙腰束至胸部，有的还束到腋下，裙子的下摆则拖到地上。长裙曳地的效果可以参照孟浩然《春情》诗句："坐时衣带萦纤草，行即裙裾扫落梅"。这种裙子在用料上当然会很浪费，甚至曾引起朝廷的干涉。《新唐书·车服志》记载，"文宗即位，以四方车服僭奢，下诏准仪制令……妇人裙不过五幅，曳地不过三寸，襦袖不过一尺五寸。"[1] 当时朝政混乱，禁衣令虽然制定了，但民间也并未执行，仍有许多身着曳地长裙的妇女或郊游或做工，或执扇或梳妆……足见这种衣裙的深入人心，其对当时妇女的诱惑，决不是一纸禁令就能废除的。

从衣裙颜色来看，长安女子一反以颜色辨身份等级的传统，崇尚艳丽的色彩。如深受年轻女性喜爱的石榴裙，唐人笔记小说中的李娃、霍小玉等都曾穿着。从万楚《五日观妓》诗"红裙妒杀石榴花"来看，"石榴裙"实际上就是一种近似于石榴花色的红裙。在中国古代社会，服装颜色历来是显贵贱、辨等级的重要标志，唐代服饰制度也明确规定，"文武三品以上服紫，四品深绯，五品浅绯"。"绯"就是大红色，是高官显贵的标志，一般百姓是不能随便穿着的。而连最没有社会地位的妓女都穿着石榴红裙，足见唐朝人在服装色彩方面的大胆追求。

红裙虽然艳丽，但还只是单色，还满足不了妇女们对色彩的多种审美需求。为了使色彩更加艳丽夺目，唐代妇女还很喜欢用两种以上颜色的料子拼接成裙子，俗称"间色裙"，这种裙子一般选择比较鲜艳的材料做成，像红、黄，红、蓝，红、绿等色彩对比都比较强烈，制作工艺讲究。《旧唐书·高宗本纪》记的"其异色绫锦，并花间裙衣等，靡费既广，俱害女工。天后，我之匹敌，常著七破间裙"，指的就是这种裙子。"破"指的是间色裙上的每一道彩色布条，一件裙子若以六种颜色的布条拼成，就叫"六破"，以七种颜色的布条拼成即是"七破"，"破"越多，衣裳

———————————

1. [宋]欧阳修、宋祁：《新唐书》，中华书局，1975年，第531页。

陕西服饰文化

色彩各异的长裙
[唐]张萱《捣练图卷》（局部）
现藏于美国波士顿博物馆

身穿间色裙的侍女
[唐]新城长公主墓壁画

艳丽夺目的花裙
[唐]三彩梳妆女坐俑
陕西省西安市东郊王家坟出土，
现藏于陕西省历史博物馆

的颜色也就越多。《新唐书·车服志》记载："凡间色衣不过十二破，浑色衣不过六破。"这是官方对这种裙子在用料、着色上的限制。

从装饰上看，唐代女裙的装饰在继承前代各种表现手法的基础上，又大胆地进行了一系列的创新。比较常见的有在裙子上刺绣、画画、印花、镂金、穿珠等，五彩斑斓，花色繁多。在各种裙装中，最令人叫绝的是用各种精美的鸟毛做成的"百鸟毛裙"。传说这种裙子由唐中宗之女安乐公主所创，《新唐书·五行志》记载："安乐公主使尚方合百鸟毛织二裙，正视为一色，傍视为一色，日中为一色，影中为一色，而百鸟之状皆见。以其一献韦后，公主又以百兽毛为鞯面，韦后则集鸟毛为之，皆具其鸟兽状，工资巨万。公主初出降，益州献单丝碧罗笼裙，缕金为花鸟，细如丝发，大如黍米，眼鼻嘴甲皆备，瞭视者方见之。皆服妖也。"[1]此裙选料新奇，效果别致，很快从宫中传到民间，风靡一时，"百官、百姓家效之"。一时间，长安城附近的珍禽异鸟被捕杀殆尽，直至朝廷干涉才得以控制。

除了裙装在选料、颜色、装饰等方面极尽美化之外，还出现了专门用来装饰的服饰配件——半臂与披帛。

半臂是一种短袖上衣，由汉魏时期的"半袖"演变而来，一般多为对襟，长及腰部，两袖宽大平直，长不过肘。隋唐时穿这种服装的人日益多起来，马鉴《续事始》引《二仪实录》记载："隋大业中，内宫多服半襟，即今之长袖也。唐高祖减其袖，谓之半臂。"《新唐书·车服志》也称："半袖裙襦者，东宫女史常供奉之服也。"[2]半臂兴起于隋唐时宫中，后来传到民间，成为一种常服。陕西乾县永泰公主墓的墓道、甬道及墓室四壁画着各种穿着半臂的妇女图像。西安王家村出土的唐三彩女俑也是身穿曳地长裙，上着紧身窄袖短衣，短衣外面罩的就是袒领半臂。半臂也很紧身，长不过脐，下部用彩带系扎，表现出女性身体的曲线。半臂的颜色比衣裙明亮，扬州就有制作贡物的"半臂锦"，西域也出产过专门用来制作半臂的"蛮锦"。锦的质地不但要比一般衣料厚，而且颜色也比一般衣料富有光泽，一直是古代人民制作衣领和衣裙边缘等带有装饰性的服装部位的首选材料。选用这种材料制做的半臂，不但柔软贴身，而且鲜亮

1. ［宋］欧阳修、宋祁：《新唐书》，中华书局，1975年，第878页。
2. ［宋］欧阳修、宋祁：《新唐书》（第1册），岳麓书社，1997，第316页。

夺目，具有很强的装饰性，在着装人的通体上下形成了一个引人注目的装饰重点。

披帛，即披在肩上，并缠绕在双臂上长长的彩色丝帛，极具装饰性，也是唐代妇女普遍喜爱的一种服饰配件。《中华古今注》记载："女人披帛，古无其制，开元中，诏令二十七世妇及宝林、玉女、良人等，寻常宴参侍令，披画披帛，至今然矣。"[1] 魏晋时期的杂裾垂髾裙上长长的飘带可以看作披帛的雏型，披帛的流行则在唐代。材料可选普通的罗纱，也有印有精美纹案的丝织彩带，长可达两米。披帛绕过肩膀，垂于两臂，行路时随着两臂的摆动，彩帛也随之翩翩舞动，产生一种流动的线性美。唐代妇女的裙摆宽大，裙料又多为柔软度极强的丝绸，穿着这种服装的女子聚在一起，行动起来很容易形成一种彩帛飘飘、美女如云的效果。

半臂和披帛的出现，将唐代女性服饰的整体美学效果推上了一个新的水平。半臂和披帛是一种创新，标志着唐人服装美化观念上的更新。半臂短小亮丽，犹如点睛之笔；披帛飘柔轻逸，犹如彩霞横落。搭配时二者皆可与服装的色调形成对比或衬托，起到突出身体线条的作用；本来静止的服装被活化了，着装效果有了生机和活力。从实用角度看，半臂和披帛既不能御寒，也不能遮体，完全是为了美化自身而设计出来的，是唐代求新求美的文化心理在服饰上的形象体现，更是服饰功能由实用转向装饰的一次飞跃。盛唐时期，短衫外面罩一件鲜亮的半臂已经成为一种时髦的装束，皇帝还将半臂作为赏赐品馈赠给臣子。唐人姚汝能在《安禄山事迹》中记有唐天宝七年（748年），唐玄宗赐安禄山"紫绫衣十副，内三副锦袄子半臂"，说明半臂在当时已经成为一种比较贵重的服装饰品。披帛的魅力不但倾倒了大唐时代的妇女，还一直流传到了宋代，成为唐宋时期妇女最为喜爱的标志性饰品之一。

---

1. ［唐］马缟撰：《中华古今注》，见《古今注·古华古今注·苏氏演义》，商务印书馆，1956年，第33页。

穿"半臂"的女子
[唐]三彩女立俑
陕西省西安市出土,
现藏于陕西省历史博物馆

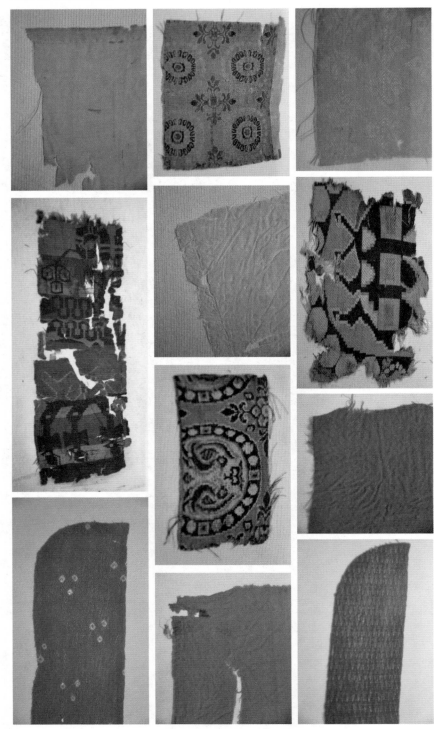

披帛妇女（左一、右一）
[唐]《观鸟捕蝉图》
陕西省乾县乾陵章怀太子墓壁画

二

　　唐代长安妇女很讲究头发和面部的美化，她们的发式种类比以前更加丰富，发型千姿百态，丰富多彩。据段成式《髻鬟记》、王睿《炙毂子》、宇文氏《妆台记》等唐人笔记的记述，女子发式有半翻髻、反绾髻、乐游髻、回鹘髻、愁来髻、百合髻、归顺髻、盘桓髻、惊鹄髻、抛家髻、倭堕髻、乌蛮髻、长乐髻、高髻、义髻、飞髻、椎髻、囚髻、闹扫髻、双环望仙髻以及各种垂髻。

　　从初唐到晚唐，发髻造型由顶部平整发展为渐趋高耸，而且越来越高，发式也日益丰富多样化，比如半翻髻一般梳成单片或双片刀形，直竖发顶。单片朝一边倾斜，双片朝两边翻转，因其形又叫"单刀半翻髻"或"双刀半翻髻"。开元年间流行"双环望仙髻"和"回鹘髻"，这些发髻比起以前的发髻偏低些，外出时配以浑脱帽，很和谐。天宝年间流行发髻以两鬓抱面，形状如椎髻，宛如抛出状，称为"抛家髻"。其后发髻越梳越高，女子们还在发顶缀以花朵，为宋初花冠的流行开创先河。

发髻的变化也引起了簪钗的变化。簪钗的种类很多，有一种金银钗作花朵形状的，称"钗朵"，这种钗朵以镂花为特色，西安出土的唐代首饰中就有几件鎏金银钗，钗头饰以镂空的飞凤、鱼尾兽头等，做工精细而且华美。钗头样式还有花鸟钗、花穗钗、缠枝钗、圆椎钗等，钗朵大多一式两件，可以左右相对插戴，具有对称之美。除了钗朵，步摇更为讲究。唐玄宗命人从丽水采来上好的紫磨金，琢成步摇，并亲自插在杨贵妃的鬓上，这种情形被白居易写在《长恨歌》里："云鬓花颜金步摇。"位于今西安东南方向的蓝田县自古出产玉石，特别是"蓝田碧"，是做步摇最好的材料。李贺《老夫采玉歌》写道："采玉采玉须水碧，琢作步摇徒好色"，就说的是采蓝田玉做步摇的事。有一种金镶玉步摇，顶端做成一对展开的鸟儿翅膀，其上镶嵌着精琢的玉片，并饰以银花，嵌着珠玉的穗状分股垂下，戴在头上，随着女子款款的步履和妙曼的身姿，熠熠颤动，步摇之美显现无遗。还有一种四蝶步摇，做成翩翩欲飞的四只蝴蝶形状，并以垂下的珠玉为装饰，华贵至极。

长安女子流行在发髻上插饰梳子。当时的梳子贵重一点的有金银梳子，也有犀牛角梳子，还有玉梳、象牙梳等。梳子形状多种多样，月牙形最普遍。用小梳作发饰在盛唐和中唐最流行，梳子数量不一，从一把到四五把不等，尺寸不断变大，有的一尺，大的甚至超过一尺二寸。元稹诗《恨妆成》说"满头行小梳，当面施圆靥"，发髻上插着小梳在街上徜徉的女子，给长安城增添出无限的青春活力，不亚于今天时髦女性的风貌。

唐代妇女的面部妆饰以浓妆重抹为时尚，几乎每一种妆容名目都是先

[唐]鎏金蝴蝶纹银钗
陕西省西安市出土，
现藏于陕西省历史博物馆

[唐]银簪（左）和玉钗（中、右）
陕西省咸阳郊区出土，
现藏于陕西省历史博物馆

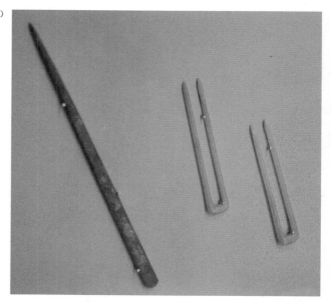

发式示意图

单刀半翻髻　　　　　　双刀半翻髻　　　　　　反绾髻

单刀半翻髻
[唐]彩绘女立俑
现藏于陕西省历史博物馆

双刀半翻髻（左上）
反绾髻（右下）
[唐]永泰公主墓壁画

回鹘髻
[唐]彩绘女骑俑
现藏于陕西省历史博物馆

回鹘髻配"浑脱帽"

双环望仙髻

抛家髻

双环望仙髻
[唐]彩绘女舞俑
现藏于陕西省历史博物馆

抛家髻
[唐]彩绘女立俑
现藏于陕西省历史博物馆

从长安兴起，然后风靡全国的。《开元天宝遗事》记述了杨贵妃当年浓妆艳抹的情景：“贵妃每至夏日，常衣轻绡，使侍儿交扇鼓风，犹不解其热，每有汗出，红腻而多香，或拭之于巾帕之上，其色如桃红也。”[1] 由于天热，脸上的粉脂被汗水冲刷而下，把拭脸的手帕都染成了桃红色，足见杨贵妃涂抹粉脂之厚重。诗人王建作了一百首《宫词》，从不同角度对当时妇女服饰妆容作了形象描绘，其中有不少对化妆的描写：“舞来汗湿罗衣彻，楼上人扶下玉梯。归到院中重洗面，金盆水里泼红泥。”舞女洗脸后盆里的粉脂水泼出来如红泥一般，可见她浓妆重彩的程度。女子妆容名目中最有特色的有画眉、额黄、花钿、斜红、朱粉、面靥、口脂、点唇等多种。

画眉这种装饰不管在宫廷还是民间都十分流行。有形如柳树叶子的柳眉，形如弯月的月眉，甚至有人干脆将原来的眉毛剃掉，根据流行的情况

●陕西服饰文化●

[唐]鸿雁纹玉梳背
陕西省西安市南郊出土，
现藏于陕西省历史博物馆

[唐]双鹊戏荷纹金梳背
陕西省咸阳郊区出土，
现藏于陕西省历史博物馆

1. 转引自祁嘉华：《中国历代服饰美学》，陕西科学技术出版社，1994年，第120页。

画上或宽或窄或长或短的各种眉形。李商隐的《无题》诗有"八岁偷照镜,长眉已能画",连女童都偷学画眉。贵族妇人更是把画眉看得无比重要。自视美艳无比的虢国夫人在朝见天子之际,即便不施脂粉,眉还是要画的。张祜的诗就记下了这一典故:"虢国妇人承主恩,平明骑马入宫门。却嫌脂粉污颜色,淡扫蛾眉朝至尊。"可见盛唐诗人万楚"眉黛夺将萱草色"的诗句毫不夸张。

花钿是一种点缀在额头与双眉之间的特别妆饰。晚唐温庭筠写有"脸上金霞细,眉间翠钿深","翠钿"指的就是这种妆饰。唐代长安妇女使用花钿妆十分普遍,花钿的样式与选材各有不同。简单的就是用颜料在额间画上圆点,或各式各样花卉图案;复杂的则可用金箔片、黑光纸、鱼腮骨、云母片等各种不同材料裁剪成各种形状贴在眉间,有形似牛角的,有形似扇面的,有状若仙桃的,花样繁多,全由女子的心思来创造。最神奇的是"梅花妆"。《事物纪原》引《杂五行书》中的记载:南北朝时"宋武帝女寿阳公主,人日卧于含章殿檐下,梅花落额上,成五出花,拂之不去,经三日洗之乃落。宫女奇其异,竞效之。"[1] 南朝宋武帝刘裕女儿寿阳公主首创梅花妆的故事有些神奇,但梅花妆就是从那时起一直风行至唐代,而且才女上官婉儿对梅花妆还做了改造,取名为"花子"。《北户录》也有记述:"天后每对宰臣,令昭容卧于床裙下记所奏事。一日宰臣李对事,昭容窃窥,上觉,退朝怒甚。取甲刀扎于面上⋯⋯后为花子。以掩痕也。"[2] 《酉阳杂俎》记述:"今妇人面饰用花子,起自昭容上官氏所制,掩点迹。"[3] 由此可见,上官婉儿曾被武则天刺伤额头,因而将伤痕点画成类似梅花的妆痕,并被时人效仿,形成风气。

人日　农历正月初七为人日。

---

1. 转引自孙机:《中国古舆服论丛(增订本)》,文物出版社,2001年,第238页。
2. 转引自华梅:《古代服饰》,文物出版社,2004年,第152页。
3. [唐]段成式:《酉阳杂俎》,中华书局,1981年,第79页。

拂云眉  蛾眉

眉形示意图

拂云眉（武则天时期）
[唐]安西都护府张氏墓绘画《弈棋仕女》

蛾眉（中唐风格）
[晚唐]周昉《簪花仕女图》（局部）
现藏于辽宁省博物馆

却月眉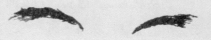

却月眉（晚唐风格）
［唐］舞乐屏风（局部）
现藏于新疆维吾尔自治区博物馆

面靥是施于面颊酒窝处的局部妆饰，常用胭脂点染，也有用金箔、翠羽等物粘贴而成。唐初，妇女面靥多为黄豆般大小的圆点；盛唐时兴起钱币大小的面靥，称为"钱点"，也有饰以各种花卉的，称为"花靥"。晚唐五代时期，妇女面靥日趋繁缛，除了装饰圆点、花卉之外，还增加了鸟兽图形，有的甚至将花纹贴得满脸都是，显示出一种怪诞的效果。

点唇的习俗由来已久，先秦时楚国宋玉在《神女赋》中就有"朱唇的其若丹"的描写，表现的是对当时女性唇饰之美的欣赏。随着社会审美时尚的变化，点唇的样式也显示出不同的特点，在晚唐三十多年里，妇女点

面靥
[晚唐五代时期]莫高窟壁画上的女供养人

唇的式样有十多种。《清异录》记载："僖昭时（僖宗至昭宗年间，874—891年），都倡家竞事妆唇。妇女以此分妍否。其点注之工，名字差繁。其略有胭脂晕品、石榴娇、大红春、小红春、嫩吴香、半边娇、万金红、圣檀心、露球儿、内家圆、天宫巧、洛儿殷、淡红心、腥腥晕、小朱龙、格双唐、媚花奴样子。"[1] 如此繁多的式样虽然早已失传，但是从出土的彩俑和古画的情况来看，唐代妇女的点唇不但式样繁多，而且还根据世风流行而变化。为了时髦，妇女们在涂抹妆粉时往往将嘴唇一起抹上，然后再用唇脂将嘴唇的形式按照当时流行的样子画出来，厚嘴唇可以画薄，大嘴可以画小，达到理想的唇形效果。

上述女妆中不少内容都是以前已有，但是不同时代有不同时代的审美理想，即使从前人那里继承下来的妆饰，唐人也绝不会原封不动地照搬，而是根据自身的审美需求加以大胆改造和创新。与开放无束、追求自由的社会氛围相适应，唐代女子的面妆讲究的不是适可而止，而是尽情尽兴；不是轻描淡写，而是浓抹重涂；不是瞻前顾后，而是对美大胆无虑的追求！

通过点唇绘出的美丽唇形
[唐]《胡服美人图》（局部） 现藏于新疆博物馆

三

隋唐时期居住在陕西周围的匈奴、鲜卑、羯、羝等少数民族，在强盛的唐代已

1. 转引自钱玉林、黄丽丽主编：《中华传统文化辞典》，上海大学出版社，2009年，第80页。

基本上和汉民族融合居住在一起。无论在风俗习惯、审美需求等方面，都在保留各自民族特征的基础上与汉民族保持着密切的联系，各民族长期的交融使服装样式已基本合璧。唐都长安是当时政治、经济、文化的中心，也是世界上著名的大都会和东西方文化交流的中心。据《唐六典》记载，当时与唐朝往来的国家多达三百多个。在都城长安居住的有回纥、龟兹、吐蕃、南绍等少数民族。此外，来自世界各地的外交使节和商人，特别是波斯（今伊朗）、新罗（今朝鲜）、日本、印度、罗马等地的客商，更是长安的常住客。各少数民族以及外国来客云集长安，也将他们的文化习俗源源不断地带给汉民族。唐代的服装兼收并蓄，既学习外国的长处，也将各少数民族的服装风采大胆尝试，使这个时期的服装在蕴涵了多种文化精华的基础上，放射出灿烂的光彩。

"自从胡骑起烟尘，毛毳腥膻满咸洛。女为胡服学服妆，伎进胡音务胡乐。""胡音胡骑与胡妆，五十年来竞纷泊。"唐代诗人元稹的这些诗句生动地反映了胡服盛行的情景。唐人直接学习，效仿少数民族的"胡骑""胡服""胡妆"。白居易在《时世妆》中记下了"胡妆"的式样效果："时世妆，时世妆，出自城中传四方。时世流行无远近，腮不施朱面无粉。乌膏注唇唇似泥，双眉画作八字低。妍媸黑白失本态，妆成尽似含悲啼！圆鬟无鬓堆髻样，斜红不晕赭面状。昔间披发伊川中，辛有见之知有戎。元和妆梳君记取，髻椎面赭非华风。"这种"非华风"的胡妆在唐代甚为流行。《新唐书·五行志》记载："元和末，妇人为圆鬟椎髻，不设鬓饰，不施朱粉，惟以乌膏注唇，状似悲啼者。"[1]《唐语林》也记载："长庆中，京城妇女首饰有以金碧朱翠，笄栉步摇，无不具美，谓之'百不知'，妇人去眉，以丹紫三四横约于目上下，谓之'血晕妆'。"[2]这些来自远方、甚至带些"野味"的"胡妆"大量出现在长安城并蔚然成

---

1. [宋]欧阳修、宋祁：《新唐书》，中华书局，第1975年，第879页。
2. 周勋初：《唐语林校记》，中华书局，1987年，第593页。

风。看惯了花容月貌传统之美的儒士们面对乌膏饰唇、披发掩面、画八字眉、作悲啼状等现象实在是难作欢颜。但在多元文化碰撞交融的社会环境中，这些复杂多样的面妆样式是有其生发土壤的。另外，唐代后期在美学特征上表现出险怪、诡异的风格，"时世妆""悲啼妆"等也是这种美学风尚的具体表现。当社会在全面颓废和没落时，必然会表现出各种怪异、荒诞的作为。

《唐书·五行志》记载："天宝末，贵族及士民好为胡服胡帽。"《资治通鉴》也记载：大历十四年（779年）"京师诏回纥诸胡，在就师者，各服其服，无得效华人。先是回纥留者常千人，商胡之人伪服汉人服而杂居者又倍之……或衣华服，诱娶妻妾，故禁之。"尽管官方要求胡汉"各服其服"不能彼此效法，但还是屡禁不止，胡人穿着汉人的服装招摇过市，甚至还干出"诱娶妻妾"的事情，可见当时胡人对汉文化的喜爱程度和汉人对胡文化的宽容态度。

长安流行的"胡服"包括西北少数民族的服装，还包括印度、波斯等异域服装。胡服的形制特征是：窄袖、翻领、对襟，在衣裳的领、袖、襟、缘等部位一般多缀有各色锦边。和关中汉人的传统服饰比较，胡服在裁剪、用料、款式、装饰等方面都有很大不同，如汉人服装以袍为主，上下相联，形式宽大；胡服则以窄袖和裤、靴为主，紧凑利索便于活动。传统的汉族服装讲究礼仪等级，色彩、图纹、衣料都受很多限制，如红色是一至五品官员礼服用色，其他人不能穿用；胡服却不讲究这些，像"回鹘装"用红色织锦为主料，不过是因为回鹘人喜爱红色罢了。另外，少数民族喜欢用花草禽兽等纹样装饰自己的服装，或印或绣，尽情而为；而传统的中原服装特别是官服是无论如何也不能随便装饰的，武则天时曾有明文规定，文官衣裳上只能绣禽，武官衣裳上只能绣兽。

胡人形象
[中唐]敦煌莫高窟壁画

身穿胡服，头戴幞头，
牵着骆驼的胡人
[唐]三彩俑
现藏于陕西省历史博物馆

退至偏隅

——服饰文化中心地位的失去

唐代后，经过五代十国的朝政更替，至宋朝统一全国、定都东京汴梁（今河南开封），设立全新的"路制"行政区划体制，"陕西"的行政区划得名由此开始。关中再次失去了全国政治、经济、文化中心地位，作为流行服饰"策源地"的地位也不复存在。陕西地区的服饰风格在中国服饰发展史上再也没能引领新潮，只是在效仿和被动中接受主流风尚的影响。

一

宋代服饰以古朴自然为风尚，然而作为一种文化现象，新的服饰风尚形式及其变化需要一个与其发展规律相适应的过程。宋初，形成于唐末、风靡于五代的奢华之风尚未消弭：男子冠帽上有金银、玳瑁等贵重装饰，女性发髻上则是"头上宫花妆翡翠，宝蝉珍蝶势如飞"，长能拖地、宽能遮阴的大袖袍衫仍然流行。这种没有节制、奢华靡丽的服饰风尚，与刚刚从战乱中平定下来、经济尚待恢复的社会条件不相适应，与统治者决心通过"偃武修文"来振兴国家的愿望很不相符。宋太祖登基后，根据唐代遗留下来的冠服制度赶制了冠冕之服，而且"无宝锦珠翠之饰"。在封闭的社会条件下，最高统治者的礼服往往是一个朝代的标志，影响重大。宋太祖冕服的简朴务实，对宋朝一代的服饰审美倾向起到了榜样性的作用。在一片"吾之道，孔子、孟轲、扬雄、韩愈之道；吾之文，孔子、孟轲、扬雄、韩愈之文"[1]的舆论声中，博士聂崇义编纂《三礼图集注》，奏请皇帝"仿虞周汉唐之旧"来制定服饰。这一举动，不仅为当朝天子提供了制衣的样板，同时也拉开了宋代服饰全面复古的序幕，为宋代服饰风格奠定了基调。

服饰制度颁布后，在朝野内外广为推行。这次制定冠服制度的指导思想是遏制晚唐五代以来的服饰奢华之风，倡导周汉时期朴素的服饰风格。先秦服饰制度的突出特点是通过服饰的式样、颜色、装饰等方面

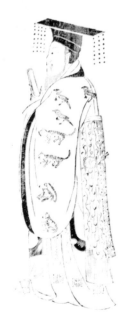

《三礼图集注》中所绘制的公卿礼服

---

1. ［宋］柳开：《应责》，见《唐宋明清文集·第1辑，宋人文集·卷1》，天津古籍出版社，2000年，第11页。

表现社会等级观念，服饰成为"别贵贱、辨等级"的标志。这种服饰思想深受儒家学派赞赏，并在汉代"罢黜百家，独尊儒术"之后得到统治者普遍认可，成为中国古代最有影响力的一种服饰观念。宋代初期以恢复古制为宗旨的服饰制度，是要完全将这样的服饰观念继承下来。但是，宋代的社会情况发生了极大变化，与先秦以至汉唐时期有了很大的不同。中央集权使皇权以外的许多官员权力大大降低，出现了官衔与权力相背的情况，官衔很大的人并不一定有实权；反之，一些知州、知县等小官却实权在握。这种官衔与权力分离的情况与先秦、汉唐旧制大相径庭。为了使服饰适应这种"官高品卑""官卑品高"的新情况，宋仁宗康定年间（1040-1041年）又重新修定了服制，除了对皇帝冠冕礼服的尺寸、质料、颜色、纹章给予严格审定外，还对文武百官的官服作了重新调整，使其更加符合实际。几十年后，神宗、徽宗等又多次制定服饰制度。政和年间（1111-1117年），朝廷仪礼机构参照古制将衣冠式样、颜色、装饰及穿着进行了规划，编撰《祭服制度》，并绘制成图样，"付有司依画图制造"，这样，宋代服饰终于有了形象规范的制度。《宋史·舆服志》记载，初制，定"庶人、商贾、伎术、不系官伶人，只许服皂、白衣，铁、角带，不得服紫……幞头巾子，自今高不过二寸五分。妇人假髻并宜禁断，仍不得作高髻及高冠"。大中祥符八年（1015年），定"内廷自中宫以下，并不销金、贴金、间金、戴金、圈金、解金、剔金、陷金、明金、泥金、楞金、背影金、盘金、织金、金线捻丝，装著衣服，并不得以金为饰"。天圣三年（1025年），令"在京士庶不得衣黑褐地白花衣服并蓝、黄、紫地撮晕花样。妇女不得以白色、褐色毛缎并淡褐色匹帛制造衣服……出入乘骑，在路披毛褐以御风尘者，不在禁限。景祐元年（1034年），"臣庶之家，毋得采捕鹿胎制造冠子……非命妇之家，毋得以真珠装缀首饰、衣服，及项珠、缨络、耳坠……"[1] 从达官显贵到普通百姓；从服装的质地色彩，

1.［元］脱脱：《宋史》，吉林人民出版社，1995年，第2237—2239页。

到不同的穿着场合；从局部点缀，到整体搭配，经过官方的一次次审定，可以说是无处不讲究，处处有规矩，人们只有百般注意才可能做到完美无缺。随着改朝换代而制定新的服饰礼规，并以官方的形式诏示天下，在中国古代可以说是屡见不鲜，但是像宋代这样由皇帝频频插手，条规细腻谨严——既有起匡正作用的规定，又有起惩戒作用的禁令；既有对皇亲贵族的约束，又有对百官文武、庶民大众的要求，如此全方位、多角度的服饰礼规，实属罕见。

宋代服饰是在唐末五代服饰文化的基础上起步的，前代遗风能给人的感官以美的刺激，却因过于浮靡华丽而给人以华而不实的感觉，成为衰落王朝衰朽无力的标志。作为一个新生政权的宋王朝，肯定不能容忍这种服饰时尚继续存在。实行服饰上的全面复古，是宋王朝对唐末五代奢华的社会风气以及由此产生的一味追求服饰形式的浮艳华丽倾向的否定。同时，从宋统治者对服饰的上下有别、不能僭越的强调中，也反映出他们对美与礼之间关系的重视——美的服饰并不在于外表的华丽，而是要符合一定的礼仪规范。用礼仪规范来界定服饰美，等于赋予了服饰美伦理道德的内涵。宋代服饰制度伦理色彩更多地集中在封建等级关系上，从内容和形式两方面来认识服饰文化，使服饰成为礼仪的重要组成部分，在中国古代服饰文化发展历史中是具有积极意义的。

宋代程朱理学从意识形态方面对当时的服饰文化产生了重要的影响。"存天理，灭人欲"是程朱理学的核心内容。宋代服饰制度等级差别森严细腻，也是"存天理，灭人欲"思想的具体表现。"天理"和"人欲"的具体内容是什么？有人曾问过朱熹："饮食之间，孰为天理，孰为人欲？"他回答："饮食者，天理也；要求美味，人欲也。"从这个比喻可以看出，在程朱理学的理论中，人们为维持生命的一切一般性的生理需求，都可以视为"天理"，超过了这个范围的一切更高一级的精神需求，就是"人欲"。结合当时社会情况看，凡是超过节制的各种欲望需求都属于"人欲"；反之，只有在伦理道德规范之内的要求和需要才属于"天理"的范围。这种理论在宋代意识形态中占据主要地位，对人们文化观念产生了重大影响。在服饰方面，那种无拘无束、大胆追求新颖华美的倾向也受到极大遏制，整个社会舆论反复强调的"惟务洁净，不可异众""务从简朴""不得奢僭"，成为人们的服饰规范。宋宁宗嘉泰初年（1201年），为了整顿世风，收敛服饰方面的奢侈现象，皇帝一面下诏提示官民务从简朴，一面令人查收宫女贵妇们私自做的华衣美服和金翠首饰，集中于街市当众焚毁，并警告那些敢于犯禁的人们。宋代开国时，宋高宗对臣下谆谆告诫："金翠为妇人服饰，不惟靡货害物，而侈靡之习，实关风化。已戒中外，及下令不许入宫门，今无一人犯者，尚恐士民之家未能尽革，宜申严禁，仍定销金及采捕金翠罪赏格。"[1]

　　"务从简朴，反对奢华"是两宋服饰文化的一致观念，两宋期间虽都曾出现过不少违禁的服饰现象，但"惟务洁净，不可异众"的服饰思想一直是贯穿始终的原则。由于生产的发展，经济的繁荣，宋代出现了众多比唐代更具规模的都市，也出现了如活版印刷、指南针、火药这样在当时具有世界领先

理学宗师朱熹
[宋]《书翰文稿》卷中所附朱熹画像
现藏于辽宁省博物馆

1. [元]脱脱：《宋史》，吉林人民出版社，1995年，第2241页。

水平的科学技术成果，但宋代服饰的发展并不明显，也未出现像唐朝时那样多姿多彩的繁荣景象。在比较能够真实地反映贵妇生活的《半闲秋兴图》《瑶台步月图》等宋人绘画中，妇女服装的样式以紧袖窄衫和拖地长裙为主，颜色也浅淡中和，披帛、腰带等装饰品的颜色与衣料相近，没有强烈的色调对比，也形不成特别引人注目的装饰效果，加之发髻形式自然，也没有太多头饰，通身上下体现的是一种简约、修长的服饰效果。比较能反映宋代普通百姓生活情况的《耕织图》《人物故事图》《孟母教子图》等绘画资料，则能向我们展示出当时从城市到乡村各类人物的服饰情况。这种服饰风尚在陕西也都有相同的反映。

宫廷女子服装
[南宋] 陈清波《瑶台步月图》（局部） 现藏于北京故宫博物院

民间妇女装束
［南宋］楼俦《耕织图》（局部） 现藏于美国华盛顿佛利尔美术馆

墓葬壁画中出现画工细腻的山石、牡丹、仙鹤，显示出宋人对自然的崇尚
［宋］陕西韩城盘乐村墓葬壁画

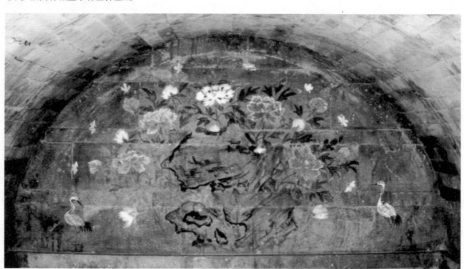

陕西服饰文化

对自然美的推崇是宋代服饰美学的重要特点。从先秦的"以五彩彰施于五色作服"，到魏晋时的飞燕垂髻裙，再到风靡大唐的石榴裙和百鸟裙，都是人们从大自然中受到启发后大胆创造出来的服饰精品。这种崇尚自然的传统在宋代也有了新的传承和发展。

从东京汴梁兴起的戴花风尚是宋代十分独特的审美时尚，这一时尚也影响到陕西。每到春暖花开，大自然中有什么样的花，人们发间就会出现什么样的花，千姿百态，别有一番情趣。花是自然赋予的，对花的选择则是人为的，表现出人们不同的审美趣味。有的人只戴一朵两枝作为点缀，有的人则插上几个品种的鲜花，形成一种"花冠"的效果。

戴花的人愈来愈多，市场上鲜花的价格年年看涨。由于鲜花日贵，而且极易凋零，制作假花便成为一种时尚，假花以彩色丝绢为料，色彩鲜艳，耐久不衰，还不受季节的限制，能最大程度地满足人们的爱美之心，所以广为使用。最为流行的是将四季中最有特色的花制作成假花，编结到一起，形成花冠。陆游《老学庵笔记》中就记有："靖康初，京师织帛及

头戴花的杂剧女艺人
[宋]佚名《杂剧人物图》
现藏处不详

妇人首饰衣服，皆备四时……花则桃、杏、荷花、菊花、梅花皆并为一景。谓之'一年景'"。[1]《东京梦华录》中有一段描写文武百官进宫祝寿的文字中也谈到"女童皆选两军妙龄容艳过人者四百余人，或戴花冠，或仙人髻……"[2]在今天，我们还可以从《历代帝后图》中看到帝妃贵妇们头上的花冠。

戴花所产生的美学韵味也倾倒了宋代的男性。宋末明初《武林旧事》记载了皇帝群臣在正月元日祝寿册封时的一段热闹场面。为了装点场面、烘托气氛，皇帝百官一律戴花，有诗人留下了这样的描述："春色何须羯鼓催，君王元日领春回。牡丹芍药蔷薇朵，都向千官帽上开"。可见宋代戴花之风的盛行。

宋代女性的衣裳多以罗纱制成，根据服饰制度，民间妇女的衣裳主要以淡绿、银灰、葱白、粉色为主，尽管素雅清秀，但是纯色毕竟显出几分单调，满足不了人们的爱美之心。在制衣的罗纱上印花、刺绣成了一种补偿。宋代还有以花汁染衣的做法。基本做法是：先根据个人的喜好将花卉采来，再将鲜花挤压成汁，用水冲成适当的浓度来浸染衣料。经过这样的加工，衣料的颜色自然、亮丽，而且还能带有淡淡的花香。花汁染衣在南朝张泌《妆楼记》中早有记载："郁金，芳草也，染妇人裙最鲜明，然不奈日炙，染成则微有郁金之气。"[3]

和戴花一样，在衣料上印花，都是宋代人崇尚自然之美的风尚所在。用自然界的奇花异草来装点服饰，可以满足人们的审美需要，与当时城市的出现所带来的变化有关。不少人由农而仕，由乡下到城市，人们对田园生活充满追忆和向往，将以花草来美化自己视为自然。从文化的角度来分析这种现象，我们能从古老的中国哲学关于天人合一的思想中得到更深层的答案。

---

1. [宋]陆游：《陆放翁全集上·老学庵笔记》，中国书店，1986年，第14页。
2. 邓之诚注：《东京梦华录注》（卷九），商务印书馆，1959年，第229页。
3. 参见祁嘉华：《中国历代服饰美学》，陕西科学技术出版社，1994年版。

在幞头上插花的杂耍男艺人
[宋] 陕西韩城盘乐村墓葬壁画

天人合一的思想，在中国思想史上长期占据重要地位。这种哲学强调人与自然的和谐统一关系，把人的意志、情感向往、追求等等主观性的东西，看作是与自然界中的一草一木息息相关、交相流通的，并将这种统一关系作为人类社会的最高境界。这种观念反映到服饰领域，便形成了戴花的习俗。所以，"中国人很自然地把目光投向生机盎然的自然界，从中获得生命的启迪，即从万物的生生之美中彻悟生命的秩序与流韵。因此，中国人对自然美的发现较西方人既早而又深刻"[1]。宋代以戴花为服装配饰，和其他朝代形成鲜明对照。

二

中国传统服装的性别差异大体形成于汉代，并通过色彩来区分男女服装的性别差异。以当时的袍服为例，男子的袍服一般都比较紧身，袖子较短；女子的袍服不但下摆较宽，袖子也明显长于男子，"长袖善舞"是汉代女子服饰的突出特征。这之后，男女服装的差别逐渐形成，男装朝着简单利索、色彩单纯方向发展；女装朝着烦琐长大、色彩多样方向发展，出现了魏晋时期的垂髾杂裾裙，隋唐时期的袒领纱裙、百褶裙等女裙装。宋代，陕西地区的服装性别意识与其他地方一样得以进一步强化，同时受到多民族文化交汇融合的影响，一些远比中原地区落后的民族也将其服饰习惯带到了陕西。胡服的大量涌入丰富了汉地服饰文化，且因其式样新颖、穿着简便而显示出许多优越性，备受汉族人民喜爱。这种情况在宋代发生了改变。

宋代幞头是以藤竹做成骨架，外面罩上不同材料的织物。由于织物的质地柔软，不易定型，通常在织物的外表面再涂上一层漆。漆干后整个帽

陕西服饰文化

---

1. 张涵、史鸿文：《中华美学史》，西苑出版社，1995年，104-105页。

体光亮、坚硬，增强了幞头这种帽饰的牢固度和美感。幞头的两旁各伸出一"脚"，以铁丝、琴弦或竹丝为骨干，形状犹如今天的直尺。最初幞头的两"脚"左右平直延伸，也比较短，随着幞头进入官场，"脚"也逐渐加长，据说是为了防止官员们站班时相互交头接耳。官帽左右平伸的两"脚"犹如一种标志，在对称之中显示着严谨，幞头后来被纳入服饰制度，成为宋代百官公服中的首服。

男帽还有命名为"巾"的，如乌角巾和貂蝉笼巾。一般文人儒士以裹巾为风雅。苏轼中进士后，第一任官职是在关中凤翔任签判。他所戴的乌角巾也被时人称为"东坡巾"。笼巾用藤编成两片蝉翼般的装饰，帽前饰以蝉，元丰（1078—1085年）以前蝉用玳瑁做成，元丰后改为黄金装饰，并在左侧饰以貂尾，所以叫作貂蝉笼巾。

男子衣服样式一般是"曲领大袖，下施横襕，束以革带，幞头，乌皮靴"。当时流行紫衫、凉衫、帽衫、襕衫等。紫衫在宋初只准三品以上高官穿，南宋以后庶民百姓也可以穿。凉衫形制和紫衫差不多，由于是白色，也叫白衫。乾道年间（1165—1173年），有人认为士大夫穿着凉衫"甚非美观，而以交际、居官、临民，纯素可憎，有似凶服"[1]，于是后来宋孝宗下诏，规定除乘马于道途可穿，其他场合一律禁止穿着凉衫。

帽衫指帽与衫两部分，帽用乌纱，衫用宽罗，配套而成，这是宋士大夫的交际常服。

襕衫以细白布为质料，形制是圆领大袖，下摆处缝制一道宽大的"横襕"作为"裳"，腰间有褶皱（古人称之为"襞积"），这是进士、国子生、州县生的常服。

淳熙年间（1174—1189年），朱熹还编撰一套《家礼》，记录了祭祀冠婚服制（一说为朱熹制定）。《宋史·舆服志》记载："凡士大夫家祭祀、冠婚，则具盛服。有官者幞头、带、靴、笏，进士则幞头、襕衫、

——————————
1. ［元］脱脱：《宋史》，吉林人民出版社，1995年，第2240页。

两宋冠帽示意图

展脚幞头

宋神宗头戴幞头
[宋]《宋神宗坐像轴》
现藏于台北故宫博物院

乌角巾

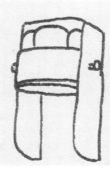

貂蝉笼巾

头戴乌角巾（东坡巾）的男子
[北宋] 男立俑
陕西省兴平出土，现藏于陕西省历史博物馆

范仲淹头戴"貂蝉笼巾"
[明]范氏后裔绘《范仲淹像》
现藏于南京博物院

襕衫示意图

身穿襕衫的男子
[宋] 周季常、林庭珪《五百罗汉·应身观音》（局部）
现藏于美国波士顿博物馆

陕西服饰文化

带，处士则幞头、皂衫、带，无官者通用帽子、衫、带；又不能具，则或深衣，或凉衫。"[1]

宋代男子专用的服饰配件是革带。革带通常由带头、带銙、带鞓、带尾四部分组成。"鞓"是整条腰带的基础，唐代以后革带逐渐成为男子的主要服饰配件，制作也日益讲究。革带一般由皮革制成，外部用彩色绸绢包裹缠绕，故有"红鞓""黑鞓""青鞓"之别。鞓一般分成前后两段，前面的一段钻有小孔，顶端装有金属带尾；后面的一段装有带头，使用时带尾穿过带头，带头上的锁扣穿过前一段革带上的小孔，达到锁紧的目的。整个操作过程与现在的扎系皮带相似。史书或古典小说中所写的"玉带""金带"等其实都是革带，只是革带上附有不同的"銙"——即装饰材料——形成不同的装饰效果，因此叫法不同罢了。《宋史·舆服志》就记有用金、玉、银、犀等贵重物品装饰的革带，也有用铜、铁、角、石、黑玉之类装饰的一般革带。革带名目如此繁多，不仅是为了花哨好看，关键还是为了区分身份等级。

韩世忠及其侍从腰间所系腰带与现代款式相近
[宋] 刘松年《中兴四将图》（局部）
现藏于中国国家博物馆

---

1. [元]脱脱：《宋史》，吉林人民出版社，1995年，第2240页。

"背子"是最初男女都可以穿用而后来专门用于女服的配件。《宋史·舆服志》中有："妇人则假髻、大衣、长裙。女子在室者冠子、背子。众妾则假紒、背子。"[1]背子通体修长，前后襟不相缝合，仅在腋下分成前后两片，用线带相连接。背子多为绢、罗等织物制成，质地较软，加之前后襟分离，前面也没有扣系之物，外穿时极易飘散。从出土文物和绘画等资料来看，宋时的背子在前襟和腋下的边缘部位都镶织锦，锦的质地厚实，色彩比绢、帛艳丽，既可以对背子起到骨架的作用，同时也是一种很好的装饰。文字资料上也有男子穿着背子的记载，比如《宜川家乘》记载："区叔时与元明次公同饭，为元明作吉贝（即棉布）背子。"[2]在宋代，背子属于非正式礼服，男子在家作为会客时简便礼服或是作衬服穿用为多。民间一般女子也把背子作为日常服装穿着，在一些比较重要的日子，她们还将背子作为盛装罩在襦袄之外。

紒 音记，束发为髻。

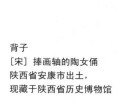

背子
[宋]捧画轴的陶女俑
陕西省安康市出土，
现藏于陕西省历史博物馆

1．[元]脱脱：《宋史》，吉林人民出版社，1995年，第2240页。

2．转引自周锡保：《中国古代服饰史》，中国戏剧出版社，1984年，第309页。

陕西服饰文化

穿背子的女子
［宋］陕西韩城盘乐村墓葬壁画

在两宋前后300多年的历史中，女服也发生着变化。北宋崇宁、大观年间（1102—1110年），妇女上衣开始趋向短而窄；宣和、靖康年间（1119—1127年），妇女上衣更加紧狭，宋词中有"峭窄罗衫称玉肌"来形容。女服上衣前后左右襞开四缝，用带扣约束，当时称作"密四门"；小衣紧窄贴体称身，前后左右开四缝用纽带系扣，称为"便当"，又叫"任人便"。这种衣服开始流行于内宫及贵族之家，后来乡村也流行了起来。女性专用内衣抹胸和裹肚就出现于这一时期。清代陈元龙《格致镜原·引胡侍墅谈》记载："建炎以来……有粉红抹胸，真红罗裹肚。"抹胸与裹肚最早流行于江浙一带，后来传入陕西。由于抹胸和裹肚属于内衣，所以很难看到具体形象，只散见于文史资料中。抹胸和裹肚属于带状丝织物，用时在胸、腹部层层缠裹，以达到收束的目的。"紧窄贴体"的上衣之所以能使各种体型的人穿着自如，这与起收束作用的抹胸与裹肚有着直接的关系。抹胸与裹肚使妇女在着装的整体效果上也以细瘦为风尚，与唐代妇女身健体丰、富于曲线的着装效果形成鲜明对照。

大唐社会里无拘无束的穿衣风尚在两宋时期一去不返。内忧外患使这个一直图谋恢复汉唐盛世的封建王朝始终没能摆脱积贫积弱的不幸境遇。男尊女卑、男强女弱的社会文化氛围以及失去了社会地位以后所产生的对男子的依附心理，使宋代女子成为

内穿抹胸，腹束裹肚，
身着背子的宋代女子形象示意图

"弱者"的代名词。通过束胸、裹肚后所产生的修长纤细的女子形象以及后来风行于两宋的妇女缠足陋习，都可以说是这种弱者文化氛围以及弱者心理的直接反映。但推崇古风的服饰观念，将宋代的服饰文化与先秦汉唐的服饰文化相连接，以自然为美的服饰时尚更使得宋代的服饰与古老的天人合一哲学相契合，这些使宋代服饰紧紧扎根于中华传统服饰文化的深层结构之中，确立了宋代服饰在整个华夏民族中的正统地位。

宋代妇女的发式仍以高冠大髻为时尚，称为"特髻冠子"或"假髻"，即在头发中掺入假发，有的直接用假发编成各种形状，用时套在头上。常见的样式有芭蕉髻、盘龙髻、龙蕊髻、双环髻、朝天髻等，髻上一般都饰有金银珠翠做成的各种花鸟凤蝶形状的簪钗梳篦。最流行的装饰是冠梳，"飞鸾走凤""七宝珠翠""花朵冠梳"等样式先流行于宫廷，后传播到民间。

头戴凤冠的皇后（左图）；身穿女官服，头戴珠翠的宫廷侍女（右图）
［北宋］佚名《宋仁宗皇后像》（局部）　现藏于台北故宫博物院

头戴珠花冠的盛装女子
[宋] 佚名《四美图》（局部） 现藏于美国

宋代从京城开封到陕西关中一带，还出现了妇女戴盖头的习俗，比唐代的羃䍠小，用罩罗做成，盖头除了为妇女外出遮脸挡风尘外，还逐渐演变为新婚女子遮盖头脸、在洞房让夫君揭开"方露花容"的风俗。

宋代对妇女最残酷的服饰制度是缠足，女子流行穿很短小的鞋，以红色为主，有绣鞋、锦鞋、缎鞋、凤鞋、金镂鞋等。不缠足的妇女穿圆头鞋、平头鞋、翘头鞋等，也绣各种花纹。

老百姓的衣着比较短小，布料以葛麻布为主，颜色以灰黑为主，幅巾、帽子很普通，没有什么讲究，脚上一般穿着麻鞋或者草鞋。

贫苦劳动女子的简陋衣装

[北宋] 王居正《纺车图》（局部） 现藏于北京故宫博物院

髡发男子
[五代]胡瓌《卓歇图》（局部） 现藏于北京故宫博物院

　　在中华历史漫长演变的过程之中，多种民族的相互融合始终没有停止过。13世纪，蒙古族统一中国，建立了元朝，中国社会进入了由少数民族统治，多民族共存的历史时期。少数民族服饰与传统的汉唐服饰相抗衡，这段历史时期的服饰呈现出前所未有的新特点。

一

　　早在北魏时期，作为契丹民族祖先的鲜卑人就已经开始对陕西文化产生影响，北魏孝文帝改革就是鲜卑文化融入汉文化的典型例子。从辽代出土织物如绢、纱、罗、绮、锦、丝和圈绒等来看，人们穿戴的棉袍、帽子、手套等日用服饰上都绣有精细的花纹图案。这些图案或平绣、或锁绣，凹凸均称，颇具立体感。图案中既有被汉民族视为神物的龙、凤、麒麟，也有出自边塞草原的飞禽走兽、蝴蝶花卉。汉唐神话也好，异域传说也罢，都反映出民族交流融合的文化景象。

　　蒙古族为游牧民族，毛皮是其最为基本的服饰材料。元代统一中国后，动物皮毛材料与中原纺织技术得到结合，出现了我国早期的毛料织物。无论是绫、罗、绸、缎，还是各种毛纺织品，为了提高质量和增强外观效果，一些贵重场合穿着的服装制品中往往被织进金线，给以柔软为主要特质的衣料添加了新的质感，显示着不同于汉民族的制造工艺，反映出这一时期游牧民族独特的服饰审美爱好。

　　以契丹、女真、蒙古为代表的西北少数民族，虽然和汉民族之间有着源远流长的历史往来，但其服饰仍带有浓厚的草原遗风——存自然，去雕饰。这种风格与汉地广衣博带、华冠高髻的传统服饰风格形成鲜明对照，在大中国范围内产生一种胡汉并存的着装效果。陕西北部与内蒙古接壤，这里的服饰样式和风格受到蒙古人的影响也就自然而然了。

　　汉民族对头部的修饰历来朝着保护和审美并重的方向发展，在汉民族传统的服饰观念中，摘冠、剃发是奇耻大辱，少数民族却没有这些讲究。契丹男子的发式是将头顶中部的头发全部剃光，只在两个鬓角或前额部分留少量头发，此发常年不剃，长可垂肩；有的在前额留上一排短发，贯通到两鬓；也有的将头顶全部剃光，只在一侧面留上一绺长发。总之，西北少数民族男子的基本发式是剃头、留辫，契丹族叫"髡发"，女真、蒙古族叫"婆焦"。《金史·舆服志》记载，金代时衣服的颜色多用白，上面的花纹图案"其从春水之服则多用鹘捕鹅，杂花卉之饰；其从秋山之服则以熊鹿山林为文，其长中骭，取便于骑也"。[1] 元代的服饰也有这个特点，元人在未进入关内时，或披发或椎髻，冬帽而夏笠。进入中原后这种服饰习惯有所改进，但还保留着头顶局部剃光、两髻或脑后垂发的"婆焦"发式，那种冬配暖帽，夏配笠子的服饰特征，彰显着简捷、便于穿戴的习惯，在陕北，汉族与契丹、蒙古人混居的地方服饰风格存在着从文野共存到水乳交融的局面。

二

妇女的发型以梳髻为主，髻上都有发饰，耳朵挂有珥珰，上身穿窄袖短衫，下着曳地长裙，在腰部多配有彩色绶带，反映了胡汉服饰共存的事实。契丹族、女真族、蒙古族妇女都喜欢辫发，但是不同民族辫发样式都有差别，妇女辫发的习惯也影响到了陕北妇女的发型。

《元史·舆服志》记载："世祖混一天下，近取金、宋，远法汉、唐。"元代制定服饰制度时充分考虑到多民族的服饰习惯。但廷祐元年（1314年），元仁宗命中书省根据"上得兼下，下不得僭上，惟蒙古人等不在禁限"的原则改革了服饰制度。"至英宗亲祀太庙，复置卤簿，今考之当时，上而天子之冕服，皇太子冠服，天子之质孙……下而百官祭服、朝服，与百官之质孙，以及于士庶人之服色，粲然其有章，秩然其有秩。大抵参酌古今，随时损益，兼存国制，用备仪文"[2]。元代的冕服、朝服、冠服都属于汉民族的传统，而"质孙"是蒙古族的故有服装。质孙服的上衣和下裙相连，衣袖比较紧，下裙比较短，腰间有无数襞积，肩背还装饰着大珠，这种衣服本是戎装，便于骑马，后来演变为常服，在明代还有流传。金人男子的盘领衣、乌皮靴、妇女的团衫等都很有个性特色。但是，

1. ［元］脱脱等撰：《金史》，吉林人民出版社，2003年，第571页。
2. ［明］宋濂等撰：《元史》，中华书局，2005年，第1283页。

质孙服

[元]《世祖出猎图》（局部） 现藏于台北故宫博物院

骬　音干，小腿。

卤簿　元朝皇帝出入时前后所置的仪仗队。

质孙　汉语译为一色服，是一种用特殊织料——纳赤思做成的服装，是蒙古人在重大场合穿着的礼服。

元代陕北家庭。男主人的装束反映出汉民族与少数民族交融的穿衣风格

[元] 陕西省榆林沙墹村黄仲钦墓

不管是辽人、金人还是元人，他们的服装都是左衽，和向来右衽的汉族形成鲜明区分。

元朝后期，蒙汉两族服饰文化的日益交汇融合，《历代帝后像》中有十多个元代皇后衣饰华丽，以金银珠宝为饰的现象十分普遍，而且一律按照汉民族贵族的习惯穿着，但帝后头上的顾姑冠却是他们本民族的，此外还有四方瓦楞综帽、圆形综帽、白甲帽等。关于顾姑冠，《黑鞑事略》中说："故（顾）姑之制，用桦木为骨，包以红绢，金帛顶之。上用四五尺长柳枝或铁打成枝，包以青毡。其向上人则用我朝翠花或五彩帛饰之，令其飞动。以下人则用野鸡毛。"[1] 少数民族的服装与"我朝翠花或五彩帛"的结合，就是蒙汉服饰的融合。西北少数民族的服饰与汉民族服饰的结合,在陕北最为普遍，你中有我，我中有你，这是地理条件造成的。

在元代，纺织技术出现了飞速发展的局面，黄道婆"织成被褥带帨，其上折枝、团凤、棋局字样，粲然若写"的高水平棉织品，虽然起源于福建，但很快也传到了陕西，直至明清时期，陕西的棉纺织技术在全国都是很发达的。

顾姑冠
[元]《元世祖后像》（局部）
现藏于台北故宫博物院

---

1. 转引自李之檀编：《中国服饰文化参考文献目录》，中国纺织出版社，2001年，第263页。

左衽女装

[元] 捧粉盒女侍俑
陕西省西安市韦曲镇耶律世昌墓出土，
现藏于陕西省历史博物馆

[元] 捧粉盒女侍俑
陕西省西安市韦曲镇耶律世昌墓出土，
现藏于陕西省历史博物馆

[元] 彩绘女俑
现藏于陕西省历史博物馆

汉服的回归与满族服饰的融入

　　明代属于中国古代社会的转型时期，工商业人口不断涌现，各种类型的手工业作坊越来越多，形成了以手工技术为主的市民阶层，改变着社会的阶级结构。新旧两种社会力量之间、两种审美倾向之间的矛盾，影响到新的服饰文化观念的形成和发展，新兴的纺织与手工技术以其前所未有的工艺水平，使服饰在材料质量、工艺技术、样式花色等方面都得到了很大提高，汉民族服饰文化再度呈现辉煌。陕西服饰在中国服饰整体发展历史中也在同步发展着。

明代

一

　　明代时对服饰制作的选材用料、着色点缀、尺寸裁剪、搭配装饰等具体工艺过程都提出了要求，工匠们只有一丝不苟、精心操作才能达到制作标准。这对提高明代服饰制作的整体工艺水平起到了重要作用。明代棉纺业和丝织业都有很大发展，最突出地表现在桑蚕、棉麻种植、养殖面积的扩大和生产工具的改进两方面。棉花的种植已经不限于南方，除江南的苏松地区外，北方的河北、河南、山东等地已成为新的产棉区，陕西也不例外。据徐光启的《农政全书》记载，棉产量大幅度提高，为了提高棉纺织业的加工能力，民间出现了脚踏纺车和轧棉的搅车，加工能力相当于元代的几倍。明末民谣"买不尽松江布，收不尽魏唐纱"反映当时大量纺织机械的使用，使产棉区的布匹加工产量激增的情况，显示了机械的使用给棉布加工业带来的繁荣景象。棉纺和丝织水平的提高，为满足各个阶层的服饰需要提供了技术支持；提花机械的普及，更为服饰美化起了锦上添花的作用。

　　由于提花织机的发明，自汉代到明代在织物上提花的技术已运用得十分广泛。《天工开物》中就记载有花机、腰机、织花等各种技术，还特别指出了在绫绢上提花的详细过程，对织罗法里的软综、硬综、桄综以及五梭、三梭、两扇、八扇等复杂的织花工艺都作了详细说明，并且还对提花机的外观有所描写：花楼高一丈五尺，织匠两人共同操作，织好几寸就要换到另一台提花机上，一些花样复杂的衣料往往要经过几台织机反复加工，才能织出工艺精堪、做工细腻的漂亮衣料。江南是丝织提花技术最为发达的地区，出产的妆花纱、妆花缎、妆花绢等，花纹图案厚实鲜艳，与质地细腻的丝料形成对比，具有极好的凹凸感和立体感；"改机"丝布细薄实用，风行全国，自然也影响到了陕西广大地区。

[明]宋应星《天工开物》中所描绘的赶棉机

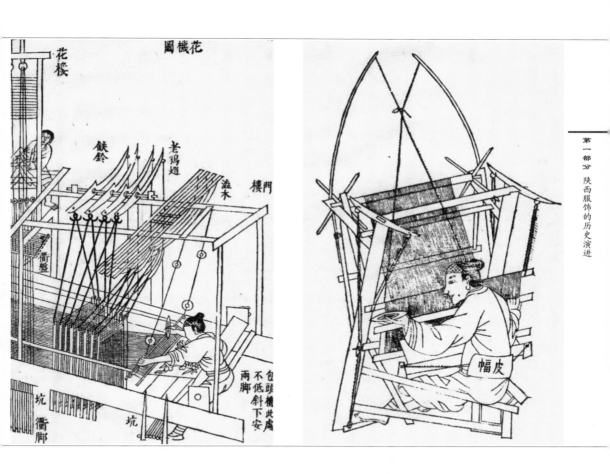

花机　　　　　　　　　　　　　　　　　　　腰机

二

明代是我国古代服饰的成熟期，巧夺天工的服饰制作工艺不但将古雅遗风鲜活地再现，而且还将正统严谨的礼服通过精美卓越的工艺制造变得充满艺术变化。服饰上的复古主义与先进的制造水平相结合，服饰礼规与精美的加工工艺相统一，形成了明代社会服饰的古雅之风与精美工艺并存的境界。

明代服饰古雅之风与精美工艺共存的特点，反映在服装造型从实用型向理念型的转化中。中国早期的服装纹样取自于对自然界的直接摹仿，这种摹仿渐渐被人们对自然的理解和表现更多主观色彩的纹样所取代，伴随着纺织工艺水平的不断提高，后者日益成为人们美化服装时的选择。以龙的纹案为例，从上古到明代就经历了极大的变化。先秦以前的龙纹形象质朴粗犷，大部分没有肢爪，写实于爬行动物；秦汉时期的龙纹多呈兽形，肢爪齐全，但无鳞甲，常被绘成行走状态，近似于实际生活中的走兽；唐宋时期的龙纹以蛇形为多，并配有云纹，有意制造一种虚无飘渺的神秘氛围；明代龙的形象趋向理念化，形成了牛头、鹿角、蛇身、虾眼、狮鼻、驴嘴、猫耳、鹰爪、鱼尾等多种动物的组合体。龙走出了实物形态，完全成为一种主观创造出来的东西，是一种集狮的威严、鹰的冷峻、蛇的灵便、鱼的敏捷、牛的健壮等特征于一身的新形象。经过这样一番加工组合，原本分散、寓意单纯的多种图腾被集中在了一起，被浓缩后得到极大升华。龙的形象不断复杂化、理念化，而这种蕴含着丰富社会内容的形式，成为具有审美意义的所谓"有意味的形式"。

随着商品经济的发展，工匠制度和赋役制度的改变，中国封建社会内部出现了资本主义萌芽。资本主义带来了城镇化和人的自由发展，自由发展又催生了人的自由意识，自由意识进而使人对传统文化观念充满叛逆精神，叛逆精神表现在服饰领域，就出现了带有极大个性解放色彩的服饰违禁现象。在以人为中心的先进思想的冲击下，民间的个性解放意识不断觉

汉代龙的形象
[西汉]青龙纹瓦当
西安市汉长安城遗址出土，
现藏于陕西省历史博物馆

先秦时期的龙凤纹图样
[西周]玉透雕龙凤人物饰件
西安市长安县张家坡村出土，
现藏于中国社会科学院考古研究所

明代龙的形象
[明]绿釉龙纹瓦当
西安市陕西省政府北门出土，
现藏处不详

醒，民间的服饰自由意识不断强化："万历以后，禁令松弛，鲜艳华丽之服，遍及黎庶。至于仕宦日常便服，更非制度所能限止。清人姚廷遴在《纪事编》一书中说：'明季现任官府用云缎为圆领，士大夫在家亦常有穿云缎袍者，公子生员辈止穿绫绸纱罗。今凡有钱者任其华美，云缎外套遍地穿矣。'可见到了明朝末年，无论是官员的朝服、常服或是士庶之家的便服，都有明显的变化。"[1]

关于服装的样式和尺寸，也有具体的规定。普通妇女的礼服，最初只能穿紫色粗布，不许用金绣。袍衫只能用紫、绿、桃红等浅淡颜色，不许用大红、鸦青或黄色。洪武十四年（1381年），允许农民穿绸、纱、绢、布，商贾只许穿绢布，不准穿丝绸、锦绣衣服，如果农民之家有一个人为商贾，全家人都不能穿绸纱。即便如此有钱的商人还是能穿华贵的丝绸衣服，禁止是不起作用的。但商贾所穿丝绸只用青黑两色，领子上用白绫、白绢保护装饰，区别于百姓；佩饰不得用金玉、玛瑙、珊瑚、琥珀等珍品，帽子不得用顶，帽珠只准用水晶、香木等。

从色彩上看，男服整体上都较素雅，除领子、袖口有异色镶边，和衣身的单色形成对比，一般再没有其他色块。平民百姓多穿杂色盘领衣，不许用黄色。年轻人结婚时，可以穿九品官服样式礼服，但男女一律不准用金绣、锦绮、苎丝、绫罗等，只许用绸、绢、素纱等。商贾和富裕的市民穿绫罗绸纱，官员可以穿靴子或云头履，儒士生员多穿元（黑）色双脸鞋，平民百姓不许穿靴子，只能穿靸鞋、扎鞴。陕南农民多穿草鞋、麻鞋；关中农民多穿麻鞋、布鞋，夏天也穿草鞋；陕北农民多穿牛羊皮缝靴、毡鞋、棉鞋等。

男子服装恢复了传统样式，以袍衫为时尚，官员们穿用的袍服在颜色、质地、式样、花纹、尺寸上都有区分——袍服的款式一律为盘领（圆领）右衽，袖宽三尺，材料或用纻丝，或用纱罗绢，所用的颜色和纹案也

1.周汛、高春明：《中国古代服饰风俗》，陕西人民出版社，2002年，第194页。

陕西服饰文化

明朝中期市井百姓日常穿着
[明]仇英《清明上河图》（局部） 现藏于辽宁省博物馆

靸鞋、扎鞔 明代庶民所穿鞋子的名称。靸，音洒；鞔，音翁。

要因穿着者的官级而定。明洪武二十六年（1393年）恢复了唐代时出现的官员服装上用"补子"的制度。补子是一种区别文武官员的标志，多为织绵所制。补子长34厘米，宽36.5厘米，上面织有飞禽、猛兽两种图案，文官用飞禽，按官阶从高到低分别是仙鹤、锦鸡、孔雀、云雁、白鹇、黄鹂、鹌鹑等；武官用猛兽，从高到低分别是狮子、虎、豹、熊、彪、犀牛、海马等。繁缛细腻的服饰礼规使明代的服饰表现出极强的整齐划一的特点，这种整齐划一的形式表现出典雅的服饰美学效果。但是在丝织、机绣等手工业高度发达的明代，一件件美妙无比的服饰所表现出来的高超工

身穿左衽短衣的男子
[明]陕西省柞水二郎庙壁画

艺，往往比它们所要表现的等级观念更能引起人们对审美的观注。

　　明代的"冠"和"巾"比较有特色，有从唐宋延续而来的乌纱帽，这是明代百官的常用冠帽，并把它作为官员身份的象征，比如被罢官叫"丢了乌纱帽"。梁冠也是自古延续下来的百官参加大祀、正旦、冬至、圣节及颁诏、开读、进表时所戴。

　　网巾是一种系束发髻的网罩，以黑色细绳、马尾、棕丝编织成，网巾除了系束发外，还是男子成年的标志，《日知录》记载："万历初，童子发长犹总角，年二十余始戴网。天启间，则十五六便戴网，不使有总角之仪也。"[1] 这种网巾一般衬在冠帽内，也可以露在外面。网巾产生于洪武初年，始创于民间，后被皇帝发现并颁行天下，成为官民通用的巾帽。

　　四方平定巾又叫方巾，《三才图会》记载："方巾，此即古所谓角巾也。……相传国初服此，取四方平定之意。"[2]《明会要》《初政记》等记载，四方平定巾颁行于洪武三年（1370年），士庶吏民都可以戴，但不许用黄色。

　　六合一统帽俗称瓜皮帽，用六片罗帛拼成，据说是以天地四方会合，寓意天下一统。小商贩、市民多戴这种帽子。《三才图会》说，"用帛六瓣缝成

白布束发、身穿圆领长裙，怀抱食盒的女侍
[明]陕西省彬县东关村明代墓葬壁画

1. [明]顾炎武：《日知录》，甘肃民族出版社，1997年，第1232页。
2. [明]王圻：《三才图会》，上海古籍出版社，1988年，第1503页。

官衣上的补子
[明]吕纪《甲申十同年图》（局部）　现藏于北京故宫博物院

之，其制类古皮弁，特缝间少玉饰耳。此为齐民之服"[1]。

　　纯阳巾像一块瓦片倾斜覆盖在上面，《三才图会》中描述："纯阳巾，一名乐天巾，颇类汉唐二巾，顶有寸帛襞积，如竹简垂之于后。曰纯阳者，以仙名，而乐天则以人名也。"[2]

　　遮阳帽一般是尖顶（也有平顶），四周边沿宽阔，形似斗笠，又叫圆帽，这种帽子从元朝发展而来，士子多戴此帽。以上这些帽巾都不许农民戴，农民都是椎髻露顶，有的虽然戴巾，但只束发不裹头，他们都要下地干活，所以戴斗笠居多。明代对农业很重视，法令规定，农民可戴斗笠、蒲笠进城，但不亲农者不许戴。笠子是明代农民的专用帽。

---

1. [明]王圻：《三才图会》，上海古籍出版社，1988年，第1504页。
2. [明]王圻：《三才图会》，上海古籍出版社，1988年，第1504页。

手执笏板，头戴梁冠的官员
[明]明陕西按察使王英画像拓片
现藏处不详

瓦楞帽
[明]曾鲸《张卿子像》（局部）
现藏于浙江省博物馆

　　暖耳帽是在冬天所戴。每逢寒冬，朝廷都要给百官赐暖耳帽，表示一种恩德。暖耳帽是用狐皮类做成，能够遮住双耳，每年按季节由皇帝赐戴，未下诏令，不得私戴，平民禁止戴，后来发展成耳帽，才流入民间。

　　在两百多年里，民间出现的冠帽样式至少有四五十种，其中有些是依照规定的样式佩戴，比如专门用于职官、儒生戴的四方平定巾，百姓戴的四带巾、万字巾，隐士、道人戴的纯阳巾，皂隶公人等戴的皂隶巾等。民间流行的众多帽式，大多是百姓根据自己的需要和喜好自行设计制作出来的，在命名上也很随便，"或慕古人名而称之，或自裁而名之"。冠帽的式样和戴法都是朝着平民百姓的喜好、朝着个性化的方向发展。

明代巾帽示意图

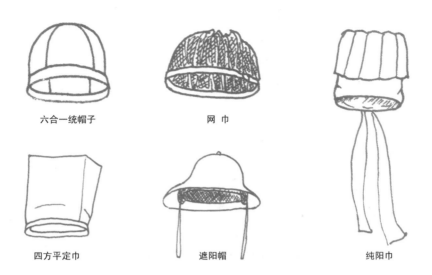

六合一统帽子　　　　　网　巾

四方平定巾　　　　　遮阳帽　　　　　纯阳巾

方巾和纯阳巾
[清]徐璋《夏允彝父子像》（局部）　现藏于南京博物院

各种男式巾帽
[明]彩绘陶仪仗俑群
西安市长安区简王井乡出土，现藏于陕西省历史博物馆

三

明代男女服饰的分野更加明显，女服款式多样，有袍服，有衫裙，其领子的式样有传统的右衽，也有圆领、对领、翻领、长领等，袖子有宽有窄。服饰的配件也很多，有前代遗留下来的披帛、背子、裙带；也有有身无袖，专为装饰的"比甲"。

女子的服装颜色则要复杂得多，从绘画、陶俑等形象资料来看，女子服装除了所用料子本身印、织有各色花纹图案，形成统一的色彩体系，穿用的每种服饰配件上面都有一定的色彩，而且往往要比主体服装的色彩还要鲜艳。特别是一种"水田衣"，以各色鲜丽的零碎织锦料拼合缝制而

身穿比甲款式水田衣的妇女形象
[清]《燕寝怡情图册》 现藏于美国波士顿美术博物馆

陕西服饰文化

比甲示意图

水田衣示意图

成,似僧人的袈裟,衣裳的色块仿佛色彩交错的水田,十分别致,受到妇女普遍的喜爱。水田衣以色彩多样著称,但各种色彩的组合并无一定之规,织锦料子的大小不一,形状也因个人的喜好而异,使这些形似水田的图案布局表现出不同的美学效果,体现出着装者的个性特点。

服饰纹样很有寓意,大体可以分成三类:一类是直接描绘人物的,如八仙过海、群仙祝寿等;一类是描绘与人类生活密切相关的动物、器物或植物的;一类是以百花、群兽等各种纹样组织起来的吉祥图案。这三类图案虽然形式不同,所装饰的布料各有讲究,但各种图纹中所表现出来的寓意却都与人们的美好心愿密切相关。比如将松、梅、竹三种耐寒的植物合绘在一起,表现不畏严峻、卓尔不群的品格,取名"岁寒三友";将芙蓉、桂花、万年青三种植物图案织绣在一起,喻意为"富贵万年";将蝙蝠和云彩画在一起,意为"福从天降";将太阳和凤凰画在一起,意为"丹凤朝阳";将喜鹊和梅花绣在一起,意为"喜上眉梢",将金鱼和海棠绣在一起,叫作"金玉满堂";将莲花和鲤鱼画在一起,叫作"连年有余";将麦穗、蜜蜂、花灯画在一起,叫作"五谷丰登";将骏马和蜂猴画在一起,叫作"马上封侯";将蝙蝠与海水织绣在一起,寓为"五湖四海";将花瓶和长戟画在一起,叫作"平升三级",等等。这些千姿百态、色彩斑斓的纹样图案,寄托着人们的生活理想,凝聚着人们的美学追求。那些看似平常的自然事物,通过精心的巧妙组合,变得更加具有人文精神,产生出了深长的美学寓意。

妇女下裳多穿裙子,裙子多用素白。明代末年,裙幅为八幅,腰间细褶数十道,行动如水纹飘动,纹样很讲究。有一种浅色画裙叫"月华裙",裙幅共有十幅,腰间每褶各用一色,轻描淡绘,风动色如月华,因此得名。还有一种裙子是用绸缎裁剪成大小不同的条子,每条绣以花鸟图纹,并在两畔镶以金线,碎逗成裙,叫"凤尾裙"。还有以整幅绸缎折成细褶的,叫"百褶裙"。明朝中后期,有钱的人穿衣"任其华美",奢侈无度;平民百姓"皆因一时好尚"而无拘无束,普通妇女的宽裙如水,金

着短上衣、大幅素裙的女子
[明]简王朱诚泳墓葬中的彩绘陶仪仗俑群
陕西省西安市长安区简王井乡出土,
现藏于陕西省历史博物馆

线饰裙，一些商贾或小手工业主在具备了万贯家财之后，不但在穿戴上"任其华美"，同时也敢于冲破服饰陈规。

凤尾裙示意图

明代妇女头饰保留了两宋的戴冠习俗。宋代女冠尽管也很华美，但造型很简单，工艺并不复杂，上面的珠、金、玉、玳瑁等饰物大多是靠缀、镂固定在冠上；明代妇女冠的样式、装饰程度依据戴冠人的身份地位而定，身份越高，冠上的饰物就越贵重、越丰富，冠成了女人们显示身份等级的标志，也表现出当时工匠们纯熟精到、变化自如的精美工艺。

明代制作工艺更复杂，在材料选用、加工造型、拼接配装等方面远远高于以前各朝代。以用于装饰女冠的各种造型为例，宋代主要以花为主，而明代除了花还有用金丝、翠玉制成龙、凤、牡丹、枝叶等众多逼真的造型。而且龙成单，凤成双，龙口含珠，凤要展翅；花要有含苞或怒放之态，叶要有层叠与点缀之巧，设计惟妙惟肖，工艺精湛无比，效果华美富丽，令人叹为观止。明代最高规格的女冠是凤冠，后妃、贵妇参加大典时必戴凤冠，凤冠用金丝网为胎，上面点缀凤凰，并挂有珠宝流苏作为繁华装饰。后妃戴的凤冠除凤凰外，还饰以龙、翚等动物。妇女发式有桃心髻、桃尖顶髻、鹅胆心髻等。发饰有花簪、二龙戏珠金簪、金玉梅花、金绞丝灯笼簪、西番莲梢簪、犀玉大簪、点翠卷荷、珠翠鬓边等。

各式花冠与华服
[明]唐寅《孟蜀宫伎图》（局部） 现藏于北京故宫博物院

后妃凤冠
[明]明成祖仁孝文皇后像
见南熏殿藏《历代帝后图册》，现藏于台北故宫博物院

清代在中国服饰史上是非常特殊的时期，清代服饰为中国近代服饰的发展作出了很大贡献。这一时期，陕西服饰文化的发展也受到影响。

一

《东华录》记载："顺治元年（1644年）谕兵部曰……予曾前因归顺之民无所分别，故令其剃发以别顺逆，今闻甚拂民意，反非予以文教之本心矣。自兹以后，天下臣民照旧束发悉从其便。"[1] 但据徐珂《清稗类钞》记载，顺治二年（1645年）六月，南方各地先后被占领，清政府便相继颁布"剃发令"和"易服令"，严令汉民依照满族习俗一律剃发留辫，改穿长袍马褂。对于抗拒不从的人，则实行"留发不留头，留头不留发"的杀伐政策。但此项政策在汉地民间受到了极大的抵制，乃至血案频发。《研堂见闻杂录》记载："功令严敕，方巾为世大禁，士遂无平顶帽者。虽巨绅孝廉，出与齐民无二，间有惜饩羊遗意，私居偶戴方巾，一夫窥瞷，惨祸立发。琴川二子，于按公行香日，方巾杂众中。按公瞥见，即杖之数十，题疏上闻，将二士枭首斩于市。"[2] 汉代学者刘向在《说苑·指武》中曾指出："圣人之治天下也，先文德而后武力。凡武之兴，为不服也，文化不改，然后加诛。"[3] 清初推行剃发留辫的政策，就证实了刘向关于"文化不改，然后加诛"的论言。顺治三年（1646年）十二月，清朝政府颁定了服饰制度，并以同样的方法在民间强制推行。

"剃发易服"激起汉民族的广泛不满和反抗。反剃发斗争在江南各地风起云涌，各地反清斗争中"复衣冠、保头发"的呼声彼伏此起。陕西人民的反抗也表现在行动中。《满清稗史》记载，清初汉中服饰以白为主，男女皆以白布裹头，或用黄绢上面罩上白帕，有人称是给诸葛武侯戴孝（实际是为汉族亡国戴孝），以后相沿成俗。汉中太守滕某严禁这样穿戴，后来穿白衣风俗才渐渐消失。关中宝鸡一带也有这样的风俗，华州、渭南等地更甚，凡元旦吉礼，必穿戴素冠白衣相贺。而在陕北，由于明末起义英雄李自成的失败与壮烈就义，更激起了人们对清人的仇恨和对亲人的缅怀，所以穿着素衣、头顶白巾更是表达强烈情感的外化方式。

清朝统治者将服饰与政权是否稳固等政治问题相联系，如此强硬地推行自己民族的服饰习俗，主要由于汉族服装的宽衣大袖尽管舒适华丽，但

1. 转引自冯林英：《清代宫廷服饰》，朝华出版社，2000年，第9页。
2. [清]王家祯：《研堂见闻杂录》，见《烈皇小识（外一种）》，北京古籍出版社，2002年，第297—298页。
3. 王英、王海天译注：《说苑全译》，贵州人民出版社，1990年，第650页。

陕西服饰文化

明末清初文人笔下的士人形象
[明]张风《携琴访友图》 现藏于英国国家博物馆

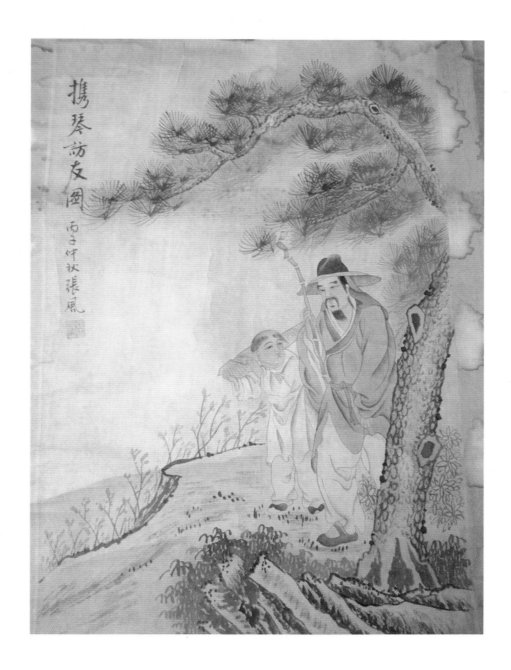

身穿满族风格服装的统治阶级
[清]金廷标《福寿堂行乐图》（局部） 现藏处不详

不便活动，更难以御敌，对于尚处在较低级阶段、充满对外扩张野心的清朝统治者来说是非常不利的。髡发短衣简便利索，便于行军作战，这对于急于一统天下的清朝统治者来说，具有极强的现实意义。所以，当有人进谏清太宗改服时便马上遭到了"一代冠服自有一代之制"的回绝。

　　清代服饰，尤其是男子服饰，在相当长的时间内严格地保持着满族民族传统，形成了中国古代服饰文化中最具特征的一个时期；另一方面，这种服饰具有极强的排他性。"这些人穿在身上的衣服表明他们在智力、道德和社会地位方面的优越性。"[1]

清乾隆时期陕南人形象
[清]陕西省安康市汉滨区出土墓葬壁画

　　清代男子主要戴小帽、风帽、皮帽，尤以小帽最为流行。小帽的形制以六瓣合缝，缀檐如同筒缘，形状与西瓜酷似，俗称"西瓜皮帽"。这种小帽在明代就出现了，当时称"六合一统帽"。小帽的质料是夏秋用纱，春冬用缎；颜色以黑为主，夹里为红色。富贵之家崇尚用红片金或石青锦

1.［英］珍妮佛·克雷克著，舒允中译：《时装的面貌》，中央编译出版社，2000年，前言第3页。

清代帽子式样示意图

小帽

风帽

皮帽

缎相滚帽缘，光绪时所流传的《便帽诗》中写道："瓜皮小帽趁时新，金锦镶边窄又匀。"[1] 小帽的式样有平顶、尖顶以及硬胎、软胎之别。

男服主要有马褂、马甲、长袍、长衫、衬衫、短衫、袄、裤、套裤等，其中尤以衫袍外加穿马褂，或罩以紧身较短马甲最为流行，亦最能反映当时男子服饰特色。马褂分长袖、短袖、宽袖、对襟、大襟、琵琶襟等多种形式，又以对襟最为主流，流行色屡有变化——清初流行天青色，乾隆时流行玫瑰紫，嘉靖以后又改为流行泥金色及浅灰色，夏季纱制的则用棕色。马甲也叫背心，北方称为坎肩，不分男女，皆可穿着。马甲在形制上有大襟、对襟、琵琶襟等多种，一般人的马甲用色与马褂相同。长袍、长衫在清初比较流行，顺治末年减短及膝，后又加长至脚髁。同治年间（1862-1874年）较为宽大，清末又变短小。

二

尽管清朝统治者始终把剃发留辫和长袍马褂视为正宗，但对汉民强烈的反抗也不得不作出让步，最终提出"十从十不从"的缓和方案。

"十从十不从" 是明代遗臣金之俊为缓解满汉在服饰方面的尖锐矛盾提出、并被清王朝采纳的十条建议："男从女不从，生从死不从，阳从阴不从，官从隶不从，老从少不从，儒从而道释不从，娼从而优伶不从，仕宦从而婚姻不从，国号从而官号不从，役税从而语言文字不从。"

---

1. 李家瑞编：《北平风俗类征》，上海文艺出版社，1986年，第240页。

"十从十不从"使妇女的穿衣装扮相对不受束缚。最初满汉妇女发式不同，保持着各自的样式，后来相互影响，都有所变化，各地也有区别。满族妇女发髻，夏仁虎《旧京琐记》有记载："旗下妇装，梳发为平髻曰一字头，又曰两把头。大装则戴珠翠为饰，名曰钿子。"[1]这种发式是在头顶左右横梳两个平髻，像横二角于脑后，由于其形状像如意横在顶后，所以叫"如意头"；又因两髻间插以双架成双角，又叫"架子头"；望去像一字，又称"一字头"。

　　满族妇女最有名的发式是两把式和大拉翘。大拉翘的梳法是先将长发向后梳，分成两股，下垂到颈部，然后分股向上反折，折叠时用黏液粘住，覆压扁平，微向上翘，余发折上，合为一股，反覆至前顶，以红头绳（红棉绳）绕发根一圈固定。发根为短柱状，绕以阔约三四厘米长的帛条，覆裹发根，其上横插板片，名曰"扁方"，再以余发绕扁方，使之与发根柱状形成T字形，前戴大红花，侧面垂流苏。这种发髻是受汉族妇女发式如意缕影响仿效梳成的，以后越增越高，变成了高如牌楼的固定装饰，梳时只要套在头上，再插一些花朵即成，一直是满族妇女钟情的发式。

　　清朝中期，汉族妇女开始模仿宫廷发式，崇尚高髻，梳时将发平分两把，俗称"叉子头"，在脑后垂一绺头发编成两个尖角，名叫"燕尾"。

　　女子头饰以江南特别是苏州地区流行的"牡丹头""钵盂头""荷花头"等为主。牡丹头也称牡丹髻，式样蓬松，发髻在头顶正中。编梳方法是将头发掠至顶部，用一根丝带或发箍将其扎紧，然后将头发分成数股，每股单独上卷，卷到顶心，再用发簪绾住。头发稀少的妇女，可以适当掺一点假发，以扩大发髻的面积。这种发髻梳成之后，犹如一朵盛开的牡丹，每一股弯曲的卷发，就像牡丹花的花瓣，极富装饰情趣。

　　钵盂头也叫覆盂头，梳挽时将头发掠至头顶，盘成一个圆髻，然后在发根用丝带系扎，外型和覆盂相似，所以有这样的叫法。荷花头的形制恰

1.［清］夏仁虎：《枝巢四述　旧京琐记》辽宁教育出版社，1998年，第105页。

似牡丹头，大同小异，特点是发髻梳成后，花瓣的形状犹如一朵美丽的荷花。此外还有芙蓉头等。

清中叶又时兴元宝头，梳挽时将发盘旋叠压，然后翘起前后两股，中间则加插簪钗，髻旁插以鲜花或珠花，这是年轻姑娘的发式。后来又改作成平型，将发盘为三股，抛于髻心之外，俗称"平头"。因其发型新奇，陕西女子竞相仿效，名曰"平三套"，因源于苏州，也称为"苏州撅"。初为少妇发式，后来老年妇女也学着梳。当时的《竹枝词》戏谑道："跑行老媪亦平头，短布衫儿一片油。长髻下垂遮脊背，也将新样学苏州。"

清末又有连环髻、巴巴头、双盘髻、圆髻、圆月、盘龙髻、盘心髻、如意缕（也叫"一窝面"）、散心髻、长寿、风凉、麻花、双飞蝴蝶等多种髻式，年长者还要在髻上加罩一个用硬纸和绸缎做的黑冠，绣以"团寿"字样，或用马鬃做成纂加在发髻上面。

光绪年间妇女以圆髻团结于脑后，或加细线网结，髻以光洁为尚；年轻姑娘做"蚌珠头"；小女孩做"双丫髻"。妇女头上多插鲜花，还有制作成仿真花。清末又有尚珠花、茉莉针，以金翠宝玉、珊瑚等制作，插戴时排列于发髻上端或呈半环形。清末梳辫先在少女中流行，后渐渐成为中青年妇女的普遍发式，梳发髻的日渐减少。

发式示意图

一字头　　　　两把头　　　　大拉翘　　　　牡丹头

清初梳髻、戴珠花、身穿汉族服饰的女子形象
[清初] 费丹旭《仕女图》（局部）　现藏处不详

　　清中后期女子流行穿背心，戴云肩，披斗篷。背心有夹、棉、皮三种，其长达膝下，有镶滚。普通妇女在出嫁的大吉之日也可以穿凤冠霞帔。女子裹足的风气还未完全摈除，只有很少一些开明进步家庭的女子或者从事繁重体力劳动的妇女已经不缠布裹足了。在鸦片战争之后，中国进入动荡时期，由于民不聊生，从南到北、从东到西，很多地方发生了农民起义。太平天国起义军先后占领长沙、武昌、南京等大城市，并有直逼北

燕　尾　　　　　覆盂头　　　　　　　苏州撅

清初汉族女子形象
[清初]改琦《仕女》 现藏处不详

梳"苏州撅"、穿马甲的女子形象
[清初]费丹旭《仕女图》 现藏处不详

颈下围云肩的女子形象
[清初]费丹旭《仕女图》 现藏处不详

京之势，太平天国对军队中不同地位的人在服饰方面作出了相应的规定，特别是定都天京(今南京)以后，还设立了专职机构"典衣衙"，在袍服靴帽的质料、颜色、花纹、样式等方面一改清王朝的衣冠服制。据《中国近代史资料丛刊·太平天国》所载，服装品种有号帽、号衣、角帽、帽额、风帽、凉帽、龙袍、团龙马褂等。但由于太平天国的势力未触及陕西，所以未对陕西服饰产生影响。

鸦片战争之后，西方势力逐渐深入中国内陆，对传统服饰产生着潜移默化的影响，中国服饰进入西风东渐的历史时期。此时髡发留辫、长袍马褂与西装革履、新式学生装等并行不悖。陕西地处较为偏远，服装大多保持了满清的传统样式，对于新的服饰潮流尚未接受。

辛亥革命推翻了清朝政权，中国服饰开始发生更大幅度的历史变化。特别是民国以来，延续了两百多年的辫发习俗被废除，服饰传统中的封建化规章制度也被废弃。陕西虽然不如上海、苏州、广州、北京、天津等地时尚，中山装、学生装、西洋服装等新式服装却也在悄然呈现，在西安这样的大城市出现"男子装饰像女人，女子装饰像男人"，平民穿官服，官僚穿民服等现象，可谓缤纷杂陈，一时间令人目不暇接、眼花缭乱。

西风东渐下服饰的近现代化

一

　　清末民初时的陕西民间，服饰在延续清代民间服饰风格的基础上进一步发展。陕南、陕北和关中人穿衣有很明显的差别，如陕南人服色偏浅淡、亮丽，陕北人服色偏深重，关中人服色介乎于两者之间。陕南气候偏热，夏天着衣以清凉的丝麻服装为主，下雨时穿蓑衣。关中气候温和，四季气候冷暖分明，夏天着衣以清凉的丝麻衣服为主，春秋以夹衣为主，冬天以棉布袄裤为主。

　　春夏之际，天气不热不冷，陕西人穿的是夹衣和夹裤，所谓"夹"指衣服分"里子"和"面子"，用料不同，面细里粗。民间男子的夏衣基本是趋向于白色的长袖单衣，今天随处可见的短袖衣服在当时几乎是没有的。天气特别热的时候，他们只穿一件贴身的形似马甲的无袖单衣。这种无袖单衣，有的是缝制成整体，有的是把布料裁成三片，后背是一整片，前面是两小片，钉上扣子，一般都是手工缝制的盘扣，在两边腋下的布片与后背的布片不缝在一起，一般是在上、中、下三处缀上不长的布条子，平时系绑起来，这样为的是更加透风、凉爽。这样的单衣形式可以上溯到出现于魏晋南北朝的"裲裆"。下身穿大裆裤，裤腰做得很高，可达三至五寸，用白布做成，与深色的裤裆、裤腿缝接在一起。由于过于宽大，穿的时候还要折起来贴腰裹一下，再用布腰带系紧。冬天的棉衣都是对襟棉袄和大裆棉裤。关中农村棉袄叫"裹袄"，也叫"棒棒裹袄"。棉袄里面再穿一层衬衣，衬衣大都是家纺的粗布衣。不管是单衣、夹衣还是棉衣，领子都是立领，外衣颜色以黑色、深蓝色为主。

　　关中农民总要在腰里扎一道腰带，腰带很长，大约在两米以上，宽度大约30厘米。平时扎腰带的时候都是把腰带折起来扎在腰里，成为上身和下身的分界。腰带扎在腰里既起保暖作用，更是一种装饰，使人显得高挑、精神。扎上腰带，衣服里面可以藏很多东西，扣子扣上什么也看不见，比如上街时，忘了拿包，买了东西可以放在衣服里；出门时带的东西

裲裆和大裆裤
[当代]照片　陕西省西安市雨田社民俗博物馆　提供

陕西店张驿（今陕西兴平市店张镇）集市上的人群
[清末]照片　[澳]乔治·厄内斯特·莫理循（George Ernest Morrison）　摄

可以放在腰里。腰带上还可以别很多东西，比如烟锅杆子，点烟时的火镰，下地干活用的镰刀、铲子等小工具也可以别在腰里。上了年龄的老头除了腰里系腰带，脚腕裤口还要打绑腿，脚上穿圆口布鞋，脚面露出白袜子，显得既紧凑干练，又朴素实在。这是陕西特别是关中农民的标准服装形象。

　　陕北人的日常服色以黑褐色为主，宽大笨拙，缺乏线条感。相传清代官员王培棻巡视榆林时写了《七笔勾》，第三"勾"为："没面皮裘，四季常穿不肯丢。纱葛不需求，褐衫耐久留。裤腿宽而厚，破烂亦将就，毡片遮体被褥全没有。因此上把绫罗绸缎一笔勾。"这是完全戏谑的笔调，

带有调侃陕北老乡的味道。陕北气候偏冷，夏季凉爽，昼夜温差较大，穿衣以单衣或夹衣为主，冬天则以厚重的棉衣或羊皮袄、羊毛裤、棉鞋、靴子、毡鞋等为主，羊皮袄可以将羊毛外置，也可以将羊毛缝制于衣服里面。没面皮袄是指老羊皮经过糅制后做成的皮袄，古代叫作"裘"。陕北由于常年四季风沙不断，穿浅颜色的衣服容易被土灰弄脏，所以人们多穿深颜色的衣服。陕北沟壑纵横，七沟八坡一道梁，人们走路不是上坡就是下沟，需要用力，由于穿紧身衣容易挣破，而且衣料又以毡片居多，所以人们多穿宽大裤腿的衣服。虽然王培棻的这段文辞夸张了些，但是这种对陕北人服饰的特殊印象也是有实地感受的。

陕西彬州（今彬县）中年妇女穿大襟袄的形象
[清末]照片
[澳]乔治·厄内斯特·莫理循（George Ernest Morrison） 摄

陕北男人的衣饰具有北方游牧民族衣裳"尚白"的习俗。这也和白狄尚白的文化心理有关。在中国传统文化观念中，北方具有少数民族血脉特征的人被称为北狄，北狄是春秋时代中原人对北方游牧民族的泛称，后又称猃狁、匈奴、鲜卑等，并以崇尚的颜色之不同而分为赤狄、白狄等。《列子·汤问》中说："北国之人鞨巾而裘，中国之人冠冕而裳。"中国之人指华夏民族即中原人；北国之人指北方少数民族。"鞯巾而裘"，是说包着头帕，穿着羊皮衣。陕北人尚白以白羊肚手巾包头和穿羊皮衣裳为突出标志，这些都和羊文化有关。

妇女服装上衣是大襟襦袄，分单衣、夹衣、棉衣等式样；内衣包括抹胸、兜肚、汗衣、内衫等。大襟襦袄由秦汉以来的直裾衣服发展而来，纽扣是盘扣，做工复杂，盘成各种花样。讲究一点的，扣子有两道一组相连，可设置四组或五组。女服比较讲究花色，有大花面的，也有碎花面的。裤子虽然也是大裆，但比较随身，样子比男服讲究、好看。年轻女性都喜欢穿对襟衣服，再配上齐耳短发或者拖着两条长长的黑黝黝的大辫子，给人感觉既年轻时尚又干脆利落。

二

辛亥革命以后进入民国时期，中山装的出现引人注目，旗袍逐渐普及，割辫剪发蔚然成风，妇女们争先恐后地摈弃了裹脚陋习。

汉中妇女形象
[近代]照片　[意]南怀谦　摄

1937年延安城里的人群
[近代]照片　作者不详

中山装是由孙中山先生创制的，他将日本的学生装形制加以改进，设计了单立领，前身门襟7粒扣子，左右上下4个明袋，袋子上面有"芭竹斜"（即袋褶向外露），后身有背带缝，中腰处有一腰带，这是最早的中山装。后来基于《易经》和民国时期的有关制度而赋予其新的内涵，比如依据"国之四维"（礼、义、廉、耻）而确定前襟4个口袋；依据国民党的"五权分立"（行政、立法、司法、考试、监察）而确定5粒扣子；又依据"三民主义"（民族、民权、民生）而确定袖口为 3 粒扣子。这是在西装的基本式样上融入了中国的旧民主主义革命思想，所以中山装既充满了文化意蕴，又颇具现代意识。

民国元年（1912年）政府颁布了男女礼服服制，男子礼服大体分为两种：一种是采用西式，分大礼服与常礼服。大礼服即西式的礼服，又分昼晚两种，昼礼服长与膝齐，袖与手脉齐，前对襟，后下端开衩，用黑色，穿黑色长过踝的靴；另一种是晚礼服即西式的燕尾服。穿大礼服时戴高而平顶的有檐的帽子，穿晚礼服时穿较短露出袜子的靴，前缀黑结。常礼服分两种：一种用西式，也分昼晚两种，其制略与大礼服大同小异，唯戴较低有檐的圆顶帽；另一种则用传统的袍褂，即长袍马褂。国民政府的这套服饰制度表现出对新旧服饰文化宽容的态度，这对后来服饰样式朝着科学

孙中山身穿早期的7粒扣中山装
[近代]照片　作者不详

中山装示意图

化、多元化方向发展起到积极作用，引起了民间服饰的大变革。

男女戴帽出现了十分随意的情况，各式各样的帽子纷纷面市，任人挑选。当时最流行的是礼帽，分为冬夏两种，冬天用黑色毛呢制作，夏天用白色葛丝为料，圆顶，下有宽阔檐边，一般与西装配合使用。不仅男人喜欢穿戴，职业女性也常常穿戴，以显庄重气质。随着男子帽子式样的增多，女子的头饰也日渐丰富，堕马髻、蝴蝶髻、香瓜髻、前刘海、一字式、燕尾式等，名目繁多。20世纪30年代，大城市出现了烫发，有些人还将头发染成红、黄、棕、褐等各种颜色，以此作为时髦。平民穿衣自由度加大，服饰日渐朝着区域化、职业化、情趣化的方向发展。陕西服饰风格从总体上看显得庄重、保守甚至落后，中山装、长袍马褂、西装等款式混杂。从职业上看，学生、教师及机关办事人员多穿新式服装，商人及官员仍以长袍马褂为时尚。

女服变化中最显著的特点是旗袍的普及。旗袍本来是满族人的服装，因满族人有旗人之称，所以他们穿着的袍服被称为"旗袍"。随着西洋风影响的不断强化，旗袍由原来的宽大无形渐渐改进为衣随人体发展，体现出了女人的腰身曲线，越来越美观。旗袍作为一种新型女服，其优势是很突出的：首先是穿着便利，以前一套女服包括衣、裙或裤等多件，而旗袍一件即可代替；另外是工本大大减少；最重要的是旗袍穿上适体美观，易于衬托女性身体的完美曲线，加上新式烫发和高跟鞋的搭配，更能体现出现代女性的时尚风采。

旗袍的普及始于20世纪20年代初的上海、苏州、南京一带东南沿海城市，最初其式样与清末的旗装没有多大差别，但不久，袖口缩小，滚边变窄。20年代末由于受欧美服装的影响，旗袍式样发生很大变化，衣身缩短、腰身收紧、缀以肩缝等，更加贴身适体。30年代，旗袍已相当普及，式样日新月异。比如领子先是流行高领，越高越时髦，即便是盛夏，在薄如蝉翼的旗袍上，也配以高耸及耳的硬领；不久又时兴低领，越低越"摩登"，当低得无法再低的时候，干脆省去了领子。袖子的变化也是时而流

杨虎城（前排穿西装手拿礼帽、手杖者）从西安出发去上
海，准备赴欧美考察，西安各界人士来到机场送行。从中
可看出当时陕西男子的各式正装礼服式样
[民国]照片　作者不详

行长过手腕，时而流行短至露肘。旗袍的长度也由走起路来衣边扫地变得
越来越短，收至膝盖以下。从20世纪40年代起，旗袍样式愈来愈简便，袖
子和身长是由长到短，领子也大都采用低式，夏装旗袍干脆取消了袖子，
又省略了许多烦琐的花边装饰。旗袍作为新型的现代服装，渐渐传播到陕
西西安等大中城市，乡村富贵人家女子也穿旗袍。

　　男子剪掉辫子是民国初期最大的变化，辛亥革命后，政府颁布了剪辫
令，各地纷纷成立了许多剪辫团体，全国范围内迅速掀起了割除辫子的热

潮。割辫热潮首先从南方涌起，很快波及陕西。当年人们曾对清政府强制推行剃发编辫的服饰风俗加以抵制，现在要割掉辫子，同样有人出来抵制，甚至闹得一片鬼哭狼嚎。比如在浙江海宁有些人的辫子被别人剪掉后，竟"抱头痛哭；有的人破口大骂；有的人硬要剪辫子的人赔偿损失"，保留辫子的人还"把辫子盘在头上，藏在'瓜皮小帽'里……一不小心，把辫子露出来了，于是满脸通红，窘得很"[1]。剪辫之风也迅速传到陕西各地，对服饰的其他方面的变化产生了很大影响，各种男帽日益流行，比如各种布帽、草帽、毡帽、风帽、礼帽等。

不但男子剪发，也有人提倡女子剪发，过去妇女都是盘发髻，30年代后女子剪发更为普遍，留齐耳短发，体现了当时的革命化风尚。伴随着剪发之风，摈弃缠足恶习也迅速得到妇女们的响应。"明清以来，女子缠足穿耳，其习甚恶。民国后，此风渐绝，然近年妇女剪发、烫发，又效而成俗矣。"[2] 缠足风俗残害了中国妇女千余年之久，辛亥革命胜利后，提倡放足和天足，这是妇女解放运动最大的功绩。当时流行的《缠足歌》唱道："问娘何心冷且酷，忍教自己亲骨肉，未成人先成废物。只因媒妁再三渎，谓足不美美不足，恐娘受骂女受辱。"

20世纪30年代后，服装形成多元化风格。最能反映现代服装解放的要算"时装"的出现。大量的海外新款源源不断地涌入各地，出现了短袖连衣裙、背带式连衣裙、西式礼服、翻领短袖连衣裙等时尚服装，民族传统服饰款式也在原来的基础上被翻制出新样式。以旗袍为例，出现了开衩领旗袍、荷叶袖旗袍、披肩式旗袍、无袖紧身前开衩旗袍、双襟无袖开衩式旗袍、中袖旗袍等新式样。

20世纪20年代以前，女装一直保持着上衣下裙的基本样式，民国初年留日学生大量回国，受日本学生服装的影响，青年女子多穿着窄而修长的

1. 严谔声：《剪辫子》，1961年10月11日《新民晚报》。
2. 转引自邓儒伯：《南国衣冠——长江流域的服饰》，2006年，武汉出版社，第85页。

高领衫袄，下配黑色长裙，裙上没有任何花纹图案，加上齐耳短发，簪钗首饰一律不用，体现一种朴素、庄重的淡雅之美。这种衣裙的曲线虽不明显，但和旧式衣裙的臃肿大不一样，在社会上非常风行。

除了旗袍、中山装之外，还流行连衣裙。连衣裙衣襟有开在后面或前面，在后则自颈背而下，这是受欧美影响的结果。清代朝服中也有用这种样式的，但连衣裙主要特点是仿西式翻领，腰间缩紧或加束一条带子，可以显出腰身的纤细；另有一种连衣裙上身如背搭式，颈下前后开作方形缺口，裙长至膝下，具有很强的运动感，其内上身需搭配衬衫，这种衣式在当时教会所办的女校作为女学生制服。

30年代中期，中国国内形势发生着重大变化，中央工农红军经过两万五千里长征到达陕北，在这里建立了红色革命根据地，这里的服装也发生着巨大变化，黑白色、蓝色、绿色、红色服装在这里交汇出现。以革命红军灰蓝色、月白色加红五星的军装为主旋律，中山装、革命装、干部装、学生装、连衣裙、羊皮袄、粗布衣、草鞋、布鞋、军鞋等，五花八门，汇成五彩斑斓的服饰海洋。这是延安革命时期特有的服饰景象，由于革命的影响，服装与人们的思想相呼应，生气勃勃，引领着中国服饰发展的未来。

清末至民国时期旗袍样式的变迁示意图

民国初年汉族女装传统大袄配百褶裙

清末旗女服装

民国初年旗袍马甲

20世纪30年代后收腰旗袍

20世纪三四十年代海派无袖旗袍

民国初年上衣下裙式

1937年，中国妇女慰劳自卫抗战将士会陕西分会的委员在研究工作。可看出西安城里的新女性的着装风格
[近代]照片　作者不详

1939年，陕北革命根据地女性的穿着
[近代]照片　作者不详

一

1949年，中华人民共和国建立，中国社会总体面貌焕然一新，服装也迎来了新的发展时期。国家经历了自鸦片战争以来上百年的战乱，一切亟待复苏，真可谓百废待兴。陕西和全国其他地方一样，经济条件艰苦，人们穿衣朴素简单，颜色基本是黑、灰、蓝三色，布料以绵纺粗布为主，很少有人穿精细华美的洋布。衣服大人穿了小孩穿，哥哥穿了弟弟穿，姐姐穿了妹妹穿，家里年龄最小的孩子，总是穿别人穿旧的衣服。当时流行的一句话是："新三年，旧三年，缝缝补补又三年。"对衣服的布料是极其节约的，而且几乎没有人不穿补丁衣服。"文革"时期，到处流行穿军装，男孩女孩喜欢穿蓝色衣服。把蓝布上衣用肥皂不断清洗，直到洗成发白为止，看上去蓝白相间，形成自然旧颜色，这在当时是很时髦的一种做法。

春夏秋三季，妇女们头上往往会顶一块手帕，这是俗称的陕西八大怪之一——"帕帕头上戴"。年长的妇女常戴黑色、咖啡色或香色头巾，显得老成、庄重、慈祥；年轻妇女戴的头巾多是浅色，以蓝色、月白色、灰色为主，显得精神、灵敏、鲜活。在20世纪80年代以前，我们在关中农村的乡间田头或大路小径上，常常能看到头顶手帕的妇女们，不管干活还是走路，她们头上都戴着一块手帕或者头巾，做成

帕帕头上戴
[当代]照片　陕西西安　花进军　提供

一定的形状，绾在头发里，或者用卡子别在头发上，风一吹，手帕还会在头后轻轻闪动，显得非常灵动。年龄大的妇女的头巾和手帕是有区别的，头巾主要是起遮阳、挡风、遮雨、护发的作用，以实用为主。头巾一般都很大很厚，四边有的是齐的，有的缀成穗，形成特殊的装饰效果。手帕一般都很薄，颜色浅淡，主要是起遮阳、护发作用，则以美观为主。

手帕在过去人们的生活中是很实用的，男人女人随身都带有手帕，首先是用来擦嘴、擦汗、擦眼泪、擦手、擦鼻涕等等，然后可以包东西，也可以戴在头上防日晒。在20世纪七八十年代的陕西还常常能看到妇女们在上衣右胸靠近肩膀处衣服的纽扣上别一块手帕，或者在手里攥一块手帕，随时方便取用。过去人们一是讲究干净，二是讲究整洁，三是讲究面子，用一块手帕，可以使自己总是显得从容不迫，若遇到什么难堪的事情，一方手帕总能替人遮掩、解围。所以手帕是人们情感、风度的保护者。

20世纪五六十年代，陕西和全国各地一样，服装以黑灰蓝衣服以及草绿色军装为主，追求俭朴实用功能。苏联的列宁装、布拉吉、坦克装、乌克兰乡村衬衣等对陕西服装产生很大影响。60年代中期"文革"开始，红

20世纪60年代末，安康老人及老汉手中的烟袋锅
[当代]照片　陕西安康　杨素秋　提供

20世纪70年代中期安康青年装束
[当代]照片
陕西安康　杨素秋　提供

卫兵装、军绿装成为男女老少普遍热衷的时装，直到80年代初，"改革开放"的劲风一夜之间席卷中国大地，沿海城市流行的时装很快波及陕西城乡的各个角落。西安等大中城市首先掀起服装"改革"热潮，西装革履、领带、领花、牛仔服、烫发、喇叭裤、夹克装、墨镜、染发等风行城乡；女式服装出现了极大的变化，露脐装、吊带装、无领衣、无袖衣以及无以名状的奇装异服大行其道。

在20世纪80年代以前，陕西时兴在领子上套着或者缝着一件毛线织的护领。女式护领一般为白色，显得洁净亮丽；男式一般是灰色或咖啡色，显得整洁耐脏。女性流行根据衣服样式搭配花色鲜艳的围巾或纱巾，非常有情致。国家施行"改革开放"政策以后，人们多在服装店购买工业成衣，几乎已经没人再用手工做衣服了。工业成衣虽然布料、做工精细，但是却没有了工艺感和温馨感，纽扣也都是扁圆形的化学纽扣，和用布条手工绾成的传统盘扣无法相比，工业产品给人的感觉是完全生硬的冷冰冰的机器化印象。工业成衣多是对襟样式，翻领，有单衣、棉衣、外套、衬衫等，夏天人们都穿短袖体恤衫，衣料有棉布、麻布、丝绸、化纤、毛绒等，而以化纤最为普遍。

随着改革开放程度不断的深化，陕西也出现了在社会上有一定影响的服装产业，代表着陕西服装的发展水平。西安、周至、咸阳等地也出现了新型的刺绣工艺。西北纺织工学院（今西安工程大学）在全国率先创办了纺织服装专业高校，培养出与全国甚至世界接轨的服装设计高级专门人才，徐青青、章小蕙、梁子等中青年服装设计师先后在全国服装界产生影响，他们设计的服装品牌在当下服装行业一直占据着重要的地位，成为陕西服装界或从陕西走出去的全国服装界的名片。

20世纪70年代，在延安宝塔山下，身穿褂衫的姑娘
[当代]照片　陕西西安　赵曦　提供

20世纪70年代初，安康姑娘夏季服装布纹上花样繁多。除了布鞋之外，也有人穿凉鞋了（左一）
[当代]照片　陕西安康　杨素秋　提供

20世纪70年代，陕西人穿的翻毛皮袄
[当代]照片　陕西西安　林莹　提供

20世纪80年代中后期，墨镜、呢子料西装、牛仔裤、运动鞋，成为安康男青年的时髦装束
[当代]照片　陕西安康　杨素秋　提供

20世纪80年代中期，陕西安康女子流行穿的确良上衣和深色百褶短裙
[当代]照片　陕西安康　杨素秋　提供

20世纪70年代，西安姑娘头戴时尚的棉布太阳帽
[当代]照片　陕西西安　林莹　提供

20世纪80年代初，一对安康青年结婚照。新郎颈上戴有假领
[当代]照片　陕西安康　杨素秋　提供

当代陕西青年服装设计师作品
照片　西安工程大学服装与艺术设计学院　提供

第二部分

陕西服饰文化别谈

民间服饰风俗撷趣

　　婚丧嫁娶，生老病死，都是人类生活的常态化表现，无论贵贱贫富，地位高下，人们都会有所经历。中国传统家庭中每逢此类大事，都要举行仪式，在仪式中，必然要邀请客人来参加，这样才显得重视、热闹、有气氛。凡举行仪式，也都会得到亲朋好友以及邻居街坊们的恭贺、祝福或者慰问、安抚。汉族崇尚礼节，有礼节就有礼仪规范，而且礼仪体现在生活的各个方面，服装更是不能含糊的穿着环节，各种场合穿着不同的服装，佩戴一定的饰品，全都有章法可依，不能随意而为，这是社会约定俗成的规矩。

　　陕西服饰风俗大体和全国基本相近，但是陕南、关中、陕北却有不同的服饰风俗。比如陕南地处秦巴山地，多水、多山，风景秀丽，特别是安康、商洛接近湖北，其服饰风俗和南方相似，具有偏近楚文化的华美风格特色；汉中一带接近四川，其服装风俗具有蜀文化的特色，两者在服装色彩方面都趋于艳丽多彩。关中从炎黄时期，到西周时代，再到秦汉、隋唐时代，一直是中原文化的中心，其服饰风俗保持了汉族最典型的服装传统。陕北与关中和陕南地理距离相隔遥远、地域风俗差距很大，由于黄土高原土层厚而又常年缺水，沟壑纵横，其服饰色彩单调，陕北在地理位置上正北与内蒙古相连，西边毗邻宁夏回族自治区，东边与山西仅隔黄河而一衣带水，属于典型的游牧文化与农耕文化相融合区域，再加上气候偏低，服饰多以羊毛皮绒为服装原料，追求古朴风尚。

诞生礼仪与儿童服饰传统

一

　　世界上几乎所有的地区和民族都有独特丰富的生命礼俗，这种生命礼俗是从一个人的诞生就开始贯穿在人的整个生命过程中的。一个人从他（她）新生命降临世界的第一刻起，直至生命的逝去而结束，中间要经历婴儿、幼儿、孩童、少年、青年、壮年、老年等环节，生命礼俗是人生命历程中最为崭新的开端，也是很柔软的一个结点，它开启了新的生命辉煌前景。

　　中华民族是一个礼俗文化极其发达的民族，拥有完整的生命礼俗体系。华夏生命礼俗包含着中华民族深厚的文化内涵，有由男子的"冠礼"与女子的"笄礼"组成的成年礼，有热闹隆重的婚礼，还有庆贺生辰的生日礼，最后是庄重安详的葬礼，而所有这些礼俗都是以一个人的出生礼俗为开端的。

　　诞生礼俗是人生的第一个驿站，对于刚刚降生的幼小生命来说，诞生礼俗带来的是新鲜、喜悦、兴奋，给人们带来无限的希望。经过了十月怀胎，婴儿降临世界的第一声啼哭，终结了父母长辈们忐忑的猜想、不安的期盼，他们终于可以骄傲地向人们宣布着一个新生命的到来。沉浸在喜悦之中的大人们为了表达对新生命的爱意和祝福，还有整个家庭的无限欣慰和喜悦之情，就以各种隆重的仪式来为孩子祈福、庆贺，这就是出生礼。在陕西特别是关中一带，这种诞生礼俗也是非常讲究和隆重的。

孩子一诞生，讲究男弄璋（美玉）、女弄瓦（纺织工具）。《诗经·小雅·斯干》中写道："乃生男子，载寝之床。载衣之裳，载弄之璋。""乃生女子，载寝之地。载衣之裼，载弄之瓦。"意思是说，如果生了男孩，就让他睡在床上，给他穿华美的衣服，给他玩白玉璋之类的美玉；如果生的是女孩，就让她睡在地上，把她包在襁褓里，给她陶制的纺锤玩，叫她以后好好学习纺织。重男轻女、男尊女卑的意识非常明显。

《礼记·内则》说："子生，男子设弧于门左，女子设帨于门右。"[1]意思是说，如果生的是男孩，就在侧室门的左边悬一副弓，表示男孩长大了，要去狩猎或打仗，持家或保护家园，做男人的事情；如果生的是女孩，则在侧室门的右边悬一幅帨。帨，是女子所用的佩巾。《周礼》"昏礼"（即婚礼）中，女子出嫁，母亲要亲自为女儿系结佩巾。很显然，弓和帨是两样被赋予了鲜明的性别特征的东西。

在古代关中，男孩出生三天后要举行射天地四方之礼，《礼记·射义》说："故男子生，桑弧蓬矢六，以射天地四方。天地四方者，男子之

[新石器时代]牙璋
陕西省神木县石峁出土，现藏于陕西省历史博物馆

裼　婴儿穿的褓衣
帨　音睡

1. [汉]郑玄注，[唐]孔颖达等正义：《礼记正义》，《十三经注疏》，上海古籍出版社，1990年，第532页。

所有事也。故必先有志于其所有事，然后敢用谷也，饭食之谓也。"[1] 男孩出生三天以后，父母抱其出外，用弓箭射天地四方。很明显，这是期待男孩长大后志向高远。而对女孩子则不行这样的礼节。

婴儿出生三天后可以抱出来，俗称"接子"。接子要选择三天内的吉日，为皇帝的太子"接子"要准备太牢（即三牲皆备），大夫的长子用少牢，士和庶人的长子用一头猪。

在唐代，关中还有"洗三朝"的礼节，宋代以后更流行。这是婴儿出生三日后举行的洗浴仪式。各地做法不大相同，但基本过程却大同小异：先用艾熬水，给小孩洗澡，前来祝贺的亲友或邻居拿出银钱、糖果之类的东西，往洗澡盆里搁，这叫作"添盆"。洗婆根据亲友所投的物品的不同，口中念出不同的吉祥话。比如如果搁的是枣儿、栗子，就说"早立子儿"；如果搁的是

悦
实物　陕西凤翔　郭春燕　提供

莲子，就说"连生贵子"等等。给孩子洗完以后，有的还要用葱在孩子身上拍打三下，表示孩子聪（葱）明伶俐。洗三朝时，亲朋好友纷纷以红包贺礼，还有的要送漂亮贵重的衣服，主人则以糕点等款待客人，还要留亲友们吃"洗三面"。这个礼节还有一项重要的环节，叫作"落脐灸囟"，就是去掉新生儿的脐带的残余部分，并敷以明矾，再熏烤一下婴儿的囟顶，表示新生儿从此脱离了胎儿期，正式进入婴儿阶段。

新生儿出生一个月后还要举行满月礼，首先要摆满月酒，这是陕西民间普遍流行的满月礼风俗。这一天，亲朋好友都要带着礼物来道贺，主人

1.［汉］郑玄注，［唐］孔颖达等正义：《礼记正义》，《十三经注疏》，上海古籍出版社，1990年，第1017页。

摆上丰盛的宴席款待大家，称为满月酒。喝酒吃饭的时候，为了热闹，增添气氛，客人要给孩子的爸妈或者爷爷、奶奶抹红脸或者黑脸——有的地方用化妆胭脂、口红等，在农村就在锅底下抓一把黑灰，抹在主人的脸上，主人也会欣然受之。在满月酒宴上，主人家要把穿戴得一身崭新的孩子抱出来让大家看。

孩子过满月期间，亲朋除了送贺礼（以红包为主），还会给孩子送衣服。衣服从头到脚都要送，如帽子，有虎头帽、狮子帽、兔帽等；衣服有单衣、棉衣，还有小大衣，包括斗篷，关中农村称之为"雪子"（一种婴儿棉衣，一般使用红绸布或红缎子制作，接缝处不缝制，连衣的帽子边缘饰以白兔毛，色彩亮丽，主要起包裹作用，非常保暖），还有围帘；鞋子包括单鞋和棉鞋，有虎头鞋、兔子鞋、猫头鞋、狗头鞋、猪头鞋等，样式活泼，富有生气。

孩子满月以后，第一次为孩子剪头发，称为剃胎发。一般是请理发匠上门给孩子理发，理完以后要给理发匠赏钱。小孩则穿着新衣服，由大人抱着接受剃发。

孩子出生的礼仪完成了，母亲要抱着孩子"移窠"，也叫"移巢"或"满月游走"，农村叫"挪臭窝"。按照陕西民间风俗，婴儿初生是不能被抱着随便走动的，满月以后，给孩子穿上崭新的衣服，就可以出门走动了。有的地方是母亲抱着婴儿到别人家去串门，有的是到外面四处走走。关中农村的风俗是母亲抱着孩子去外婆家住一段时间，外婆家会来人接孩子和母亲。一般住满一星期或十天后，外婆家就把孩子和母亲送回家里。届时要给孩子带上大一点的新衣服，还要给孩子蒸一个很大很大的环形馍，把孩子套在里面，表达希望孩子永远安全而且不愁吃穿的愿望。

孩子长到一百天的时候，还要再举行"百天礼"。百天礼要给孩子穿"百家衣"。民间认为孩子要健康成长，以后长命百岁，这需要托大家的福，就要吃百家饭，穿百家衣。父母长辈在孩子很小的时候，便向邻居、街坊要来人家缝衣服剩下的不同颜色、质料和形状的新布片，然后精心挑

儿童枕头
实物 陕西凤翔 郭春燕 提供

选，裁剪成各种不同的形状，再拼成所需要的形状或图案，还可以在上面绣上新的动物、花鸟、小人物等花样，最后缝制成五彩缤纷、花色斑斓的新衣服给孩子穿。这样的百家衣样式漂亮，寓意深厚，是儿童传统服装里的代表性服装，在陕西流行的历史悠久。百家衣的款式是多样化的，有坎肩，有短袄，有长袄，有棉衣，有夹衣，也有单衣，等等。

有的人家还要给孩子戴"长命锁"。关中农村时兴给孩子戴"缰绳"，再拜一位"干爸"，关中农村叫拜"干大"，好让孩子有除父母之外的其他人来关爱和保护。长命锁是挂在儿童脖子上的一种装饰物，一般是用银饰做成；缰绳是用黄布裹成圆棒，盘成环形，下面做成连在一起的弯曲连缀形状，再用红绳子或红布装饰点缀。陕西民间认为，只要给孩子佩挂上这种饰物，就能辟灾去邪，"锁"住生命，让孩子健康茁壮地成长。长命锁的前身是"长命缕"。佩长命缕的习俗最早可追溯到汉代，据《荆楚岁时记》《风俗通》等书记载，在汉代，每逢端午佳节，家家户户都要在门楣上悬挂上五色丝绳，以避不祥。到了魏晋南北朝时，这股丝绳被移到了妇女孩童的胳膊上，渐渐成为一种臂饰。由于当时战争频繁、灾荒不断，人们生活不安稳，大家都渴望和平安康，所以用五色彩丝编成绳索，缠绕在妇女和儿童的胳膊上，以祈求辟邪去灾、祛病延年。这种彩色丝绳就被称之为"长命缕"，也叫"长生缕""续命缕""延年缕"等。以后这种风俗继续流传，不仅流行在民间流行，还传到了宫廷，除妇女儿童以外，男子也可以佩戴。每到端午节前，皇帝还亲自将其赏赐给近臣百官，让他们在节日佩戴，以保生命安康、国泰民安、社稷长久。长命缕除

手工制作的各式儿童鞋
实物 陕西凤翔 郭春燕 提供

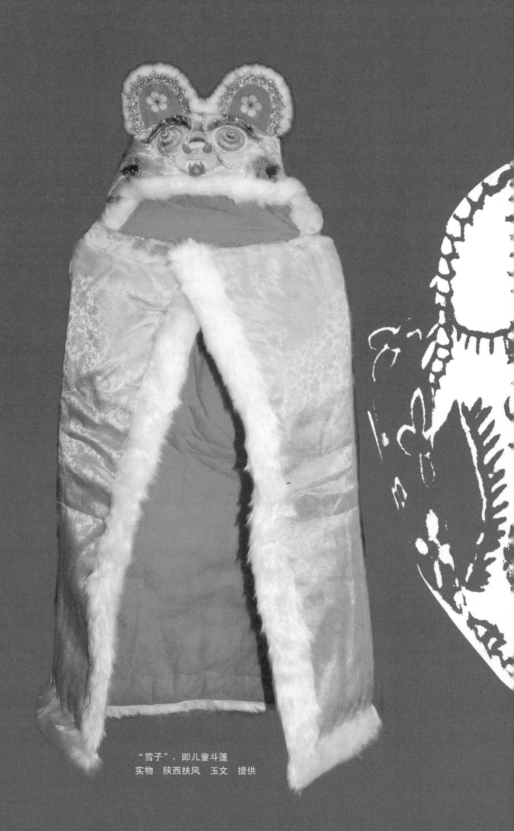

"雪子"，即儿童斗篷
实物　陕西扶风　玉文　提供

丝绳、彩线以外，还穿有珍珠等装饰物，在街市上还有不少店铺和市贩，专门销售这种饰物。明代以后，风俗发生变化，成年男女使用长命缕的人越来越少，最后它逐渐成为儿童的专用的颈饰。

孩子戴长命锁或者"缰绳"，一直要戴到12岁满。关中有个风俗，孩子12岁这一年正月十五前，要给孩子送"全灯"，今西安、渭南一带尤其讲究这个风俗。送过"全灯"以后，孩子过年时就再也不挑灯笼了，表示即将长大。同时还要给孩子解长命锁或者"缰绳"，还是表示孩子即将长大成人，能够自己保护自己了。

诞生礼仪最后一个环节是"周岁礼"。周岁礼最普遍的风俗就是"抓周"。抓周也叫"试儿"，据宋代孟元老《东京梦华录》记述，抓周是"罗列盘盏于地，盛果木、饮食、官诰、笔研、筭秤等经卷针线应用之物，观其所先拈者，以为征兆，谓之'试蓛'。此小儿之盛礼也。"小孩随意间的一抓，引起大人的浮想连翩，从孩子的举动来判断孩子未来所从事的工作、行业、事业等。这一风俗至今仍然流行于陕西民间，还出现了专为小儿抓周时使用的礼器套装。

孩子过周岁的时候，亲戚朋友还要给孩子送新衣服。周岁以后孩子会走路了，这时候的衣服就更讲究了，因为孩子在外面玩耍，穿的衣服会引起人们的注意，人们从衣服、帽子、鞋的样子和做工上，能看出孩子家里大人针线活儿手艺的巧拙好坏。

全灯　从女儿出嫁后的第一个春节起，娘家人（女子的父母或已婚的哥哥、弟弟）要选择在正月初二到初八（初三到初六的居多）中的一天，给出嫁的女儿"送灯"。"送灯"主要就是送两个大灯笼，还有十支蜡烛。"送灯"，有前途光明、幸福美好等寓意。从正月十一到正月十五，灯笼都要挂到自家大门上，以示吉祥。等到女儿有了孩子以后，娘家便把这样的礼物转送给女儿的孩子了，给每个孩子送一个灯笼和十支小蜡烛，孩子们在正月十一到十五的晚上挑着灯笼玩耍。送给孩子的灯笼要比原来送给女子的灯笼小一点，以便于孩子提携。这个风俗每年如此，直到小孩12周岁为止。12岁的时候，也就是小孩的第一个本命年，娘家最后一次给孩子"送灯"，即"全灯"，也是最隆重的一次送灯。有的地方叫"完灯"，也有称满灯的，意味着小孩子长大了，从童年进入少年，送灯、玩灯到此终止，以后就不必送灯了，也不再收压岁钱了。每年送灯这项任务，通常是由孩子的舅舅来完成的，所以就有了"外甥打灯笼——照旧（舅）"的歇后语。

筭　音算，计算用的筹。同算。

蓛　音徐，古书指一种草；又音述，一种草本植物，属于山药类，根为圆形，含淀粉和蛋白质，可食用。试蓛，古代指抓周。

孩童胸前戴着的长命锁
[清]钱杜《婴戏图》 现藏处不详

蒙泉人法
钱杜

二

刚出生的小孩由于皮肤太过于细嫩，所穿的小衣服一般不用化学纽扣，因为化学纽扣太硬，会揩破婴儿的皮肤，所以一般都用小布带子系起来。为了更好地发挥保暖性能，衣襟多采用斜襟开扣，不用对襟开口，这种用斜襟系带的上衣俗称"和尚领"。由于孩子的服装最讲究实用、保暖、舒适，而且还要宽松、柔软，有利于孩子健康正常的发育成长，因此传统的穿衣方式只有在婴幼儿服饰上还有所体现，其在服饰发展历程中也必然是变化最慢的。

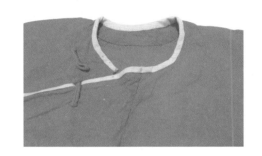

和尚领

从今天婴儿服装上，还能看到几千年来汉服的基本样式。

先从首服说起，男孩戴的帽子有老虎帽，有的是单面老虎帽，有的是双面老虎帽，还有狮子帽，也分为单面狮子帽和双面狮子帽。有人追求创新性，就把老虎帽和狮子帽合起来做成一面是老虎、一面是狮子的样子，寓意希望孩子生命力旺盛、健康苗壮，长大后体格强健，勇敢无畏。还有兔帽、狗头帽，兔帽较多是由女孩戴，以显其机灵聪慧、活泼可爱；小男孩戴狗头帽则显得俏皮敏捷。兔帽和狗头帽在头顶部两边有兔耳朵、狗耳朵形状，有的人在帽子边上装衬上兔毛或者狗毛，既为了保暖，也为了美观，还在帽子前沿钉上"八仙"或者"长命富贵""金玉满堂"等字样。狗头帽还寓意大人们希望孩子像小狗一样皮实、好养活。女孩也有戴月亮帽的，即帽顶做成月亮形状，帽圈缝上各种花片，帽子前面绣上牡丹等花卉图案，靠耳朵两边各坠一条细花带连着的寿桃或者红绒球，戴着这样的帽子，看上去会更加文静可爱。手巧的人家还能做出牡丹帽、石榴帽等花样。石榴帽是在帽子前面做一个石榴形状的装饰物，并在石榴根部缀上石

陕西关中地区婴儿周岁时穿的"褪毛衣"

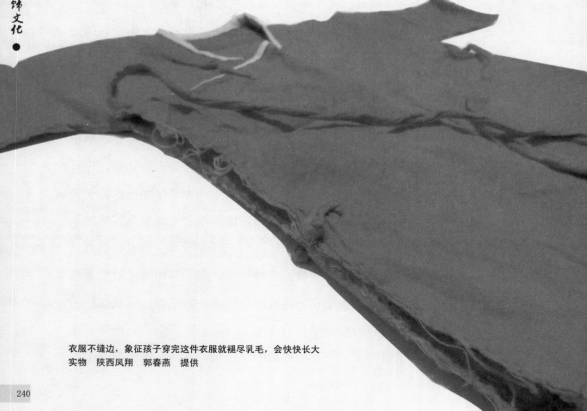

衣服不缝边，象征孩子穿完这件衣服就褪尽乳毛，会快快长大
实物　陕西凤翔　郭春燕　提供

榴树叶子。临潼盛产石榴，孩子戴上石榴帽，和自然中的石榴花、石榴果实相交映，更好看。有些人家给孩子做"公子帽"，也叫"荷花公子帽"——帽檐前部做成荷花样子，后面装饰成荷叶形状，这种帽子在陕南比较流行，寓意戴了公子帽，孩子长大后会文质彬彬，知书达理，求得好功名。

儿童帽分棉帽、夹帽、单帽三种：冬天戴棉帽，严实暖和；春秋季节戴夹帽，遮风挡雨；夏天戴单帽或者凉帽，遮太阳，防日晒。小孩冬天戴的帽子也有风帽、罗汉帽。风帽是造型上富有诗意的帽子，做法比较讲究，在帽子顶部可设计成老虎、狮子、猫、兔、仙鹤、花卉等花样，在前额勾勒出动物或者花卉形状，帽子两侧做成对称的动物耳朵形状或者花卉叶瓣形状，边沿装饰上动物毛，帽子中间绣上美丽的图案，看上去华丽美观，栩栩如生。

几乎所有小孩子都有"围帘"，有的地方叫"围嘴"或"围涎"，这是专门针对小孩做的一种特殊的衣物，为了防止奶汁、饭菜、口水流到衣服上。围帘可绣上各种动物或植物花样，还有的绣上故事，形式多样，五花八门。男孩的围帘和女孩的围帘是有区别的，男孩的一般都是老虎、狮子、小狗图案，女孩一般都是花卉、水果、小昆虫图案。围帘形状多种多样，最常见的是椭圆形，还有圆形的。

小孩子的裤子一般都是开裆的，这样便于孩子大小便。一两岁的孩子在天气冷的时候都穿连脚的夹裤或棉裤，连脚裤是一种很别致的裤子，脚踝处缝一条细布带子，起收束作用，既保暖又好看。有的连脚裤直接在脚梢头绣上动物图案，有的再给外面做一双虎头鞋或者猫、狗等动物头型。

兜肚是一种特殊的内衣，在关中农村，小孩和妇女都将其贴身穿，所以称为内衣，古时还叫作亵衣。兜肚面料一般都比较柔软，贴身穿着很舒服，既保暖又美观，主要用于遮掩前胸和肚子。兜肚形状基本都是上下长、左右短的菱形，但是上端都裁成一点平形，形成小小的两角。穿戴时，上端用一根细长的带子或粗一点的布绳子挂在脖子上，左右两端的尖

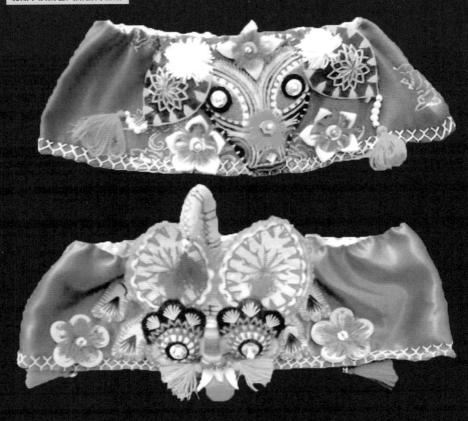

儿童帽
现藏于陕西省凤翔县博物馆

婴儿筒袖
实物　陕西凤翔　郭春燕　提供

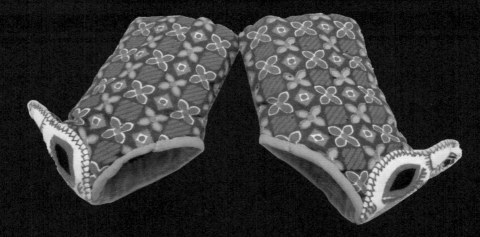

角连上带子或绳子，系绑于腰后。

兜肚是一种很有情致的内衣，上面常常绣有各种传统吉祥的图案纹样，显示出一种较为深厚文化气息。比如男孩兜肚上一般绣的是老虎、蟾宫折桂或者五子登科，表示大人希望孩子吉祥平安或将来成才；女子的兜肚上一般会绣蝴蝶穿花、鸳鸯莲花、梅花喜鹊等花纹图案，表达了对美好生活的期盼和向往。

连脚裤
实物　陕西扶风　玉文　提供

在关中农村，新生的孩子，不管是男孩还是女孩，都要穿兜肚。孩子在以后的成长中也一直不离兜肚，夏天天气炎热，孩子可以不穿任何衣服，但是都要穿兜肚，白天穿，晚上睡觉时也不离身。孩子夏天睡觉可以不盖被子，只要穿着兜肚护住肚子，就不会伤风受凉。在关中民间旧的习俗中，特别是在五月的端阳节时，要特意给孩子缝制和刺绣"五毒兜肚"或者"老虎兜肚"：一是为了避邪和防毒虫咬伤，祛灾防病，保持身体平安健康；二是希望孩子虎

唐代的婴儿肚兜
[晚唐]周昉《戏婴图》（局部）　现藏处不详

清代的婴儿肚兜
[清]金廷标《婴戏图》 现藏处不详

虎有生气，长得更加壮实。在关中麦收时节以前，娘家人还要给结婚不久的女儿送衣服，这衣服里就包括了兜肚；结婚后的女儿有了孩子，娘家人还要给孩子送兜肚，希望孩子健康成长。所以，关中农村长久以来，在这样的节俗中，都是以送兜肚作为寄托亲情的温馨方式。

兜肚作为一种特殊的服饰，其中包含着丰富、深厚的民俗文化意蕴，绪论中已经说到了关中骊山一带青年女子结婚时要穿绣有蟾蜍图案的兜肚，这就是民俗中的文化表达形式。不仅在关中，在我国其他地区农村，谁家生了小孩，亲戚朋友们都有给孩子送兜肚的讲究，一块大红的兜肚象征着红红火火，人类生命不断延续，旺盛不衰。虽然做兜肚的这一块红布并不大，但上面精心地绣着美丽吉祥的花纹图案，寄托了人们殷切的期望，它是一种民俗文化的传承，也是渴望生命不断延续的心灵慰藉，更是接受者心中对美好期冀的承载物。

兜肚的制作工艺及其花样的代代传承，正是文化积淀和传承的过程，民族的文化精神就这样形成和固定下来。所以，民族服饰中所包含的文化内涵，是不能脱离特定的民族、民俗、地域等环境和氛围来诠释和理解的，要和具体情境融合在一起，就像鱼与水的关系，像花的芬芳和空气的关系。

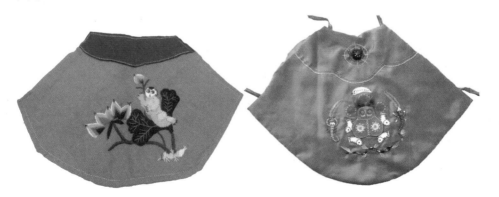

2006年，出嫁一年后凤翔女子收到母亲亲手缝制的肚兜。肚兜上所绣莲花与婴孩，寓意"连（莲）生贵子"
实物　陕西凤翔　郭春燕　提供

五毒肚兜上绣蛇、蝎子、壁虎、蛤蟆、蜘蛛。端午节时给婴孩戴上，有"以毒攻毒"、不生灾病、保佑平安之意
现藏于陕西省宝鸡市凤翔县文化馆

婚礼，民间俗称"小登科"。能够通过科举考取功名，实现真正意义上的"登科"的人很少，而结婚娶妻，或出嫁成亲，这却是一般人都会经历的人生大事。婚礼也是所有礼仪中最隆重、最热闹的一种。古代男女成婚的时候，要男女共髻束发。三国时，著名文人曹植曾写诗描述结婚的意义："与君初婚时，结发恩义深。"此后，人们都以"结发"或"结发夫妻"来形容原配夫妻。

关于结发，还有具体程序，宋代孟元老在《东京梦华录》"娶妇"一节中有详细的记述："凡娶妇……男女各争先后对拜毕，就床……男左女右，留少头发，二家出疋缎、钗子、木梳、头须之类，谓之'合髻'。"这是最早的关于婚礼中"夫妻结发"的具体描述。据史料记载，在清代以前男子头上都蓄满长发，能够梳发髻，同时，结发这一仪式也体现出中国人包括陕西人在婚姻这件大事中，认为夫妻之间要平等、庄重、严肃、恭谨的态度。

婚礼在我国传统观念中是极庄重的礼仪，男女婚姻是部落、家族之间联合的一种特殊形式，从最高统治者到民间普通百姓，都极其重视。古人说，先有天地，然后有万物；有万物，继而有男女，有男女，进而有夫妇；有夫妇，自然就有子女；有子女，也就有了父子；有父子，再就有了君臣；有君臣，随之就有了上下之别和尊卑之分；有上下尊卑，最后有礼仪之规矩。古人认为，婚礼，是最典型的仪礼之道，是"将合二姓之好，上以事宗庙，而下以继后世"。这反映了中华民族早期祖先崇拜、生殖崇拜和自然崇拜的观念，男女的结合被看作可以祭祀祖宗和延续后代的大事。现代人则越来越把婚姻看成是爱情的结果，结婚后以两个人的生活为主，有些年轻人甚至不要孩子，宁愿过丁克家庭的日子，所以婚姻越来越不被看作延续香火、保证家族兴旺发达的必要形式了。

陕西地方传统婚俗，讲究父母之命，媒妁之言，要明媒正娶，否则就不是完美的婚姻，所以古人有云："不待父母之命，媒妁之言，钻穴隙相窥，逾墙相从，则父母、国人皆贱之。"[1] 关中农村看重新娘礼仪，讲究"八抬大轿抬进门"。在陕西，很多人家在年轻男女订婚的时候，兴"合八字"，也就是"算命"。俗语里有一连串的说法："白马犯青牛，羊鼠一旦休，蛇虎如刀错，龙兔泪交流，金鸡怕玉犬，猪猴不到头。"这是指男女之间如果有这里所说的属相上的犯忌，如结成婚姻就不会有好结果。但是也有人们认为相互融合的属相，像"鼠配牛，虎配猪，羊配兔，马配狗"，据说这都是属相上理想的配偶。陕西民间风俗比较忌讳女孩的两种属相，比如男家求婚时，遇上属虎和属羊的女孩，坚决不联姻，俗语说"虎进门，必伤人"；属羊的女孩命硬，会克夫。所以常有哪家姑娘极中意哪家小伙子，会有意瞒掉自己的真实属相，以成心愿。

男女结婚之前要相亲，一般是在媒人的说合下，安排女方家或男方家见面，如果彼此中意，男方要给女方见面礼（多数为现金，有的是镯子、戒指），女方要给男方一方手帕，这就是定情物。男女双方的婚事确定下来之后，男女双方还要议定聘礼。聘礼数目各个时期都不同，按照行情给礼金，此外还有新衣服、布疋、镯子、首饰等。旧时定亲以后，女方家里要告诉亲戚，亲戚要给女孩子送些衣服、胭脂等用品，民间把这个风俗叫作"添箱"（给女孩子添嫁妆）。新中国成立后，男方家给女方的聘礼一

疋　音匹，指布匹或绸缎等剪好的成卷的布料。

---

1. 金良年：《孟子译注》，上海古籍出版社，2004年，第128页。

般是现金，这叫封礼。过去年代久远的不必说，从20世纪70年代说，聘礼中除了现金外，还要置办一些时兴的家什，比如自行车、缝纫机、手表、收音机等，那时叫"三转一响"。后来是给电视机、电冰箱、空调等；现在是给房子、小汽车、手机、电脑等。当然还有衣服、首饰、金银细软等。男女双方订婚时如果年龄小，就要等到他们到了成年之后，再正式嫁娶；如果双方已经到了法定结婚年龄，就可以在确定关系之后，选择吉日嫁娶。

结婚过程的各个环节都要经过周密安排之后，才有条不紊地进行。人们对婚礼礼服也是同样重视，布料要华贵富丽，款式要讲究，做工要精美随着时代的变迁，礼服也不断发生改进和变化。在汉代，各种礼仪制度都已成熟、定型，而婚礼是民俗中最重要的礼仪之一，所以受到高度的重视。新娘的婚服主要以襦裙为主，新郎主要是袍服，而为区分不同身份的人，婚服色彩多达12种。到了唐代，由于社会的开放、经济的发达，服装饰品等都得到了极大地丰富，人们在婚礼上穿戴贵重的细钗礼衣，新娘子的发簪讲究金翠花钿，要身穿大袖长裙，肩绕华美的帔帛，其礼服是非常讲究的。在科举制度影响下，唐代还出现了"假服"的现象——贵族的子弟婚娶时，可以破例使用朝廷规定的冕服或冠弁之服；官员的女子出嫁时，可以穿着与母亲的身份等级相同的朝廷赐予的命服；平民子女结婚时，也可以穿着绛红色的公服。"假服"成为一种婚俗，一直延续到清代。清代以后，新娘子还可以穿红色的旗袍，外面再"借穿"诰命夫人专用的背心式霞帔，头上簪以鲜艳的大红花，从娘家到婆家的路上，头上还要罩上红盖头。新郎穿的通常是青色或者黑色长袍，外面罩上绀色马褂，再戴上暖帽，并插上赤金色的花饰，显得既庄重又华贵。拜堂的时候，新郎要身披红帛，这叫披红。

清朝末期，特别是到辛亥革命以后，青年男女结婚时所穿的礼服发生了较大的变化，首先是样式多样化。东部城市如上海、苏州、广州、北京、天津等首先受到西风东渐的影响，婚礼礼服有不少外化的因素。陕西

[唐]莫高窟445窟婚嫁图

地处西北，受到变化的影响则稍弱一些，特别是在广大的乡村，仍然延续着中式传统的婚礼仪式，礼服也恪守着古老的款式、色彩和质料。但在陕西首府西安也出现向东南部发达城市效仿的倾向。这是社会变革引起服装渐变的时期。该时期里的总倾向是，民族传统的婚礼服饰和被本土化的西式婚礼服饰并用。这样亦中亦西的情形摇摆延续了近半个多世纪，直到新中国建立以后，婚服才又发生了更大的变化。

中国共产党在以延安为中心的陕北落户13年，开展革命运动，延安时期成为陕西历史上光辉而重要的时期。延安时期的婚礼样式影响到新中国成立后的新婚俗。此时的婚礼格调，既不是传统的，更不是西式的，而是变为完全革命化的。由于生活条件的艰苦，更由于革命政治形势的要求，延安的人们结婚时都穿着利落的干部服或军装，甚或日常服装，既不拜天地祖宗，也不按风水选择良辰吉日，除去繁文缛节，大家坐在一起，简单又热闹地庆祝一下，就算结婚了。这种情形之下，婚服既然没有固定的样式，也就无所讲究了。

唐代婚礼场景
[唐]榆林窟25窟弥勒经变之婚礼图

20世纪70年代陕西人结婚时家庭手绣的喜枕
实物　陕西凤翔　郭春燕　提供

　　20世纪80年代中期，国家实行"改革开放"政策以后，现代化的西式婚礼再次席卷而来。对于这种现象，坚守传统的人们颇有非议。西方青年男女结婚时在教堂举行婚礼，新娘穿上白色的婚纱，这种风俗最早起源于信奉天主教的欧洲国家。据传说，19世纪时英国女王维多利亚选择穿着洁白色的婚纱作为礼服，是希望自己的婚姻像身上穿的这白纱一样纯洁无暇，此后，新娘在婚礼上穿白色典礼服便形成风俗，并风行世界各地。西方婚俗和我们中国汉族民间的婚俗传统是有很大差别的，比如：西方人迎接新娘是用小轿车或马车，我国风俗则是抬着红花轿，吹着唢呐，敲着锣鼓迎接。在服装方面，西方人强调爱的纯洁，所以新娘穿白色纱裙；我国汉族传统则以红色为吉祥、热闹、喜庆的色彩，新娘要穿大红绣花礼服。西方人将婚礼举办的场所选择在教堂或者幽静、平坦的草坪上，追求安静氛围，与自然和谐相融；我国民间尤其是传统陕西人则更愿意将婚礼举办在家里，以庭院或村庄的街道为主要场地，院子要挂红灯笼，门上要贴大红对联，追求热烈、欢闹的氛围，图的是一对新人结婚后，日子要过得红红火火，奋发向上。西方人以玫瑰花象征；我国风俗则是给新人的睡炕或婚床上铺放大红枣、花生、桂圆、莲子等，取其谐音，暗含"早生贵子"的祝福，期盼儿孙满堂。西方人招待客人是自助式西餐甜点；我国传统则是摆起四四方方的八仙桌，每桌四边八人坐在一起，以长幼尊卑来排座次，待客的菜品讲究有从十道菜至四十八道菜不等。在酒席上，我们陕西人还有个讲究，就是要用红黑颜料甚至锅底灰给新郎的父母抹红脸蛋或者黑脸蛋，为的是热闹喜庆。

近年来，随着人们对民俗的重视和保护意识增强，亲近与回归中式婚俗重新成为一种"时尚"。中式婚服再受青睐，改良旗袍、中式领西式裙礼服在当代陕西人婚礼中大放光彩。

关中风俗结婚仪式上要给新郎新娘"披红"
照片　陕西凤翔　郭春燕　提供

西安新人的中式"婚纱照"
照片 陕西西安 洪田甜 提供

与我国其他地域相比，陕西的丧葬服饰形成与发展的历史最为完备和长久，可以上溯至西周时期。

西周是奴隶社会鼎盛的时期，那时丝织技术大幅度地提高，丝制品的数量空前增多，为统治阶级服装向豪奢、华丽的方向发展提供了有利的物质条件。为了区别王公贵族和平民百姓的差距，标识不同等级人们的身份，突出王公贵族的权威，周王朝在服装穿戴上制定出了较为严格的衣冠服饰制度，规定凡祭祀活动，周天子及王族公卿大夫、各种等级的官员必须穿戴相应的祭祀礼服。

遇到丧葬之事，服装穿戴更为讲究。据《周礼·春官》描述，周代把宫廷在丧葬方面的穿戴给予详细的规定，根据地位高低分为"斩缞""齐缞""大功""小功""缌麻"五种丧服。民间的丧葬之服也基本根据长幼亲近之分，遵循"五服"之制，不能随便穿戴。这套服饰礼仪流传千载，至今全国包括陕西在内的大部分省份，汉人丧葬依然遵循这个传统。

陕西民间向来重视和讲究丧葬礼仪。去世的人穿的服装叫作"寿衣"，寿衣的款式有性别和年龄的区分，不能随便穿。按照民间的风俗习惯，向来把高寿的老年人的丧事当作喜事来办，把结婚的喜事叫"红事"，把安葬去世老人的丧事叫"白事"，二者合起来叫"红白喜事"。老年人高寿去世，叫作"寿终正寝"——平平安安走完了一生，可以在"西天"继续享福。

寿衣一般是偏重于深重的黑色，女性寿衣还要再带一些搭配的蓝色或青莲色，有的寿衣采用鲜亮光艳的颜色。寿衣沿用清代冬衣的搭配法，或者由家里人来做，或者到寿衣店里去买。寿衣一般是5件，帽子1顶，鞋1双，上装下衣一套，

高寿老人离世与亲人离别的场景，包含"自然行诣冢间而死"的宗教观与生死观于其中
[唐] 榆林窟25窟"老人入墓图"

还有被褥、衾枕。外衣面料是以绸子为主，绣以"福寿"图案。

安葬的时候，晚辈们都要穿丧服。按照"五服"之制，以平辈为界线，上到父亲、祖父、曾祖父、高祖父，下到儿子、孙子、曾孙、玄孙，同时还有上述亲属的旁亲都叫作"内亲"，可以穿孝服，也叫有服亲。母亲一系的人叫"外亲"，外祖父、舅父、姨母、姨表兄弟有服亲，其他人算是无服亲。今天人们说到亲戚，也有以服来论的，如说是"三服以内"，就表示亲戚关系比较亲近，但如果出了"五服"，亲戚关系就比较疏远了。

关中农村讲究，老人去世了要给亲戚报丧，报丧都是给五服以内的亲

戚报丧，五服以外就不报了。根据实际情况，有的亲戚平时关系处得不好，不来往，但是老人去世了还要给报丧，这叫作"活着不追往，死了报个丧"，证明还有亲戚关系。

五服的款式是以服孝人与去世老人之间的关系远近来区分的，也就是以服孝程度的轻重来分的。质料和缝制工艺越粗，服孝越重；质料和缝制工艺越细，服孝越轻。具体说来，最重的孝服叫"斩缞"，用最粗的生麻布做成，不缝边，像刀砍的一样，所以叫斩缞，表示最亲近的老人故去，没有精力和心情去缝衣边，从感情上来说，不需要做任何装饰，让它呈现自然状态，用于大臣们为君主、儿子为父亲、妻子为丈夫服丧，穿这种丧服要服丧3年，时间是最长的，礼节也相对来说最隆重。其次为"齐缞"，是用缝了边的粗一点的生麻布做成，比斩缞稍轻一点，服孝时间也稍短。另外三种孝服"大功""小功"和"缌麻"都是用细一点的熟麻布做成，服孝的亲人血缘关系稍远一些，做工稍有差别，服期时间也更短。按"五服"制度区分，"缞亲"是血缘最近的，指君臣、父系、夫妻亲属；"大功亲"是指祖父系亲属，算是隔辈亲；"小功亲"是指曾祖父系亲属，又隔一辈；"缌麻"是指高祖父系亲属，母系亲属也列入缌麻亲中，所以在五服中是最远的。

斩缞　斩，古代孝服不缝边就叫斩，这是五服中最重的一种，用最粗的生麻布做成，不缉边，表示不加装饰，过去要服孝3年。各地或各时代适用范围有所不同，比如古代规定子为父斩缞3年。明洪武七年（1374年）起改为子为父母皆斩缞3年，清代沿用此制度。并规定妻为夫、妾为君均斩缞3年。

齐缞　古代五服之一，仅次于斩缞，服用粗麻布做成，以其缉边，所以叫"齐缞"。服期为1年，比如孙子为祖父母、夫为妻；有5个月的，比如曾孙为曾祖父母；有3个月的，如玄孙为高祖父母。

大功　旧时丧服名，五服之一，其服用熟麻布做成，比齐缞细一些，但比小功要粗。服期9个月，为堂兄弟、未嫁的堂姊妹、已嫁的姑姊妹服，另外，已嫁女为伯叔父兄弟等服。

小功　旧时丧服名，五服之一，其服用较细的熟麻布做成，服期为5个月，凡本宗为曾祖父母、伯叔祖父母，堂伯叔父母，未嫁祖姑、堂姑，已嫁堂姊妹，兄弟妻，从堂兄弟及未嫁从堂姊妹，另外，外亲为外祖父母、母舅、母姨等，皆服之。

缌麻　旧时丧服名，五服中最轻的一种，其服用细麻布做成，服期3个月，凡本宗为高祖父母，曾伯叔祖父母，族伯叔父母，族兄弟及未嫁族姊妹，另外，外姓中为中表兄弟，岳父母等，都服之。

陕西服饰文化

陕南丧仪中身穿袍式礼服唱孝歌的人
照片　陕西安康　佚名　提供

关中丧礼中身穿丧服的至亲家属
照片　陕西西安　魏连升　提供

从周绮到秦绣

——漫谈陕西刺绣

刺绣是一种非常重要的服装装饰艺术，也是一种以讲究针法为特色的传统工艺美术。刺绣起源于服装的装饰和美化，在我国，刺绣至少已有3000多年的历史。1974年考古工作者在陕西宝鸡茹家庄西周墓发现的辫子股针刺绣印痕，是目前我国发现的最早的刺绣品，也可以说是陕西秦绣的最早源流。它采用了先绣后绘的方法，色彩鲜艳浓丽，观赏性很强。《尚书·虞夏书》记载，舜帝曾对大禹说："予欲观古人之象，日、月、星、辰、山、龙、华虫作会；宗彝、藻、火、粉米、黼、黻、絺绣，以五采彰施于五色作服。"[1] 这段文字透露出中国最早的在服装上刺绣的信息。《周礼·考工记》说："画缋之事，五彩备谓之绣。"[2]

出土于今陕西地界最有名的周代丝织品是"绮"。绮是周代主要的丝织品之一，产量很大。宝鸡市发掘出周代奴隶主贵族的两个墓葬，人们发现了一些在铜器和泥土上遗留的丝织物与刺绣品的印迹，最令人欣喜的是

---

1. 冀昀主编：《先秦元典·尚书》，线装书局，2007年，第28页。
2. 孙诒让：《周礼正义》，中华书局，1987年，第3305-3306页。

还有提花机织出的斜纹提花织物，其花纹是菱形图案，展示出时人较高丝织能力和技术水平。锦是染丝后织成的图案精美的丝绸，质地厚而结实。《毛传》说："贝锦，锦文也。"汉代学者郑玄注释说："犹女工之集彩色以成锦文。"《诗经》中有关"锦衾""锦衣"等的描写很多，《唐风·扬之水》："白石凿凿，素衣朱襮……白石皓皓，素衣朱绣。"《秦风·终南》："君子至止，锦衣狐裘……君子至止，黻衣绣裳。"《豳风·九罭》："我觏之子，衮衣绣裳。"《卫风·硕人》写道："硕人其颀，衣锦褧衣。"[1] 硕人是古代个儿高大的美女庄姜，她是齐庄公的女儿，嫁给卫庄公，衣着非常华丽，外面穿着枲麻做的罩衣。《穆天子传》记有"盛姬之丧，天子使嬖人赠用文锦"的文字。锦类丝织品费工很大，是很贵重的衣料，织起来很不容易。

秦汉时，汉文帝曾赠送匈奴"绣十匹锦二十匹，赤绨绿缯各四十匹"；汉宣帝也赠匈奴"锦绣绮縠杂锦八千匹"[2]，说明锦绣已作为珍贵的礼品，在中原和西域的经济、文化交流中起着重要作用。朝廷建立了规模较大的官营和私营刺绣作坊，带动了关中刺绣业的发展，并快速进入成熟期。当时刺绣和织锦齐名，并称"锦绣"。汉代关中最流行的刺绣方法是"贴绒绣"，绣出云气纹、龙凤纹、茱萸纹等美妙图案，还可以绣出金钟花、山峦、树木、人物、兔子、菱纹、对叶纹、旋涡纹等花样。汉代在长安做过黄门令的书法家史游曾写《急就篇》，对锦绣丝绸的花色、题材作出这样的描绘："锦绣缋旄离云爵，乘风悬钟华洞乐，豹首落莽兔双鹤，春早鸡翘凫翁濯？"[3]

缋 同绘。

襮 音勃，衣领。

罭 音与，网眼很小的渔网。

觏 音够，遇见。

缦 音慢，无文采的帛。

1. 见周振甫：《诗经译注》，中华书局，2002年。
2. [清]王先谦：《汉书补注·匈奴传上》，中华书局，1983年，第1569页。
3. 参见沈从文：《中国古代服饰研究》，商务印书馆，2011年，第234页。

晋代苏蕙绣"璇玑图"的故事，则堪称是陕西刺绣史上的传奇。据《晋书·列女传》记载，始平（今陕西武功县）有个苏坊村，苏坊村有个女子名叫苏蕙，字若兰。相传她是陈留县县令苏道质的三女儿，大约生于前秦永兴元年（357年）。苏蕙从小天资聪慧，3岁学字，5岁学诗，7岁学画。苏蕙才智出众，她长大后到她家提亲的人很多，但是她心志很高，所以婚事就一直没有定下来。相传在16岁那年，苏蕙跟随父亲游览阿育王寺，在寺庙西池畔意外地看到一位英俊的年轻人，仰身搭弓射箭，弦响箭出，飞鸟应声落地；俯身射水，水面飘出带矢游鱼，真是箭不虚发。苏蕙觉得眼前的少年定是一位文武双全的英才，顿生仰慕之情。年轻人也看见了美貌如花的苏蕙，心中也产生了爱恋之情。这个年轻人就是前秦安南将军窦滔。

苏蕙于前秦建元十四年（378年）与窦滔结为伉俪，两人郎才女貌，恩爱无比。据《晋书·窦滔妻苏氏传》与李善少《江淹别赋》中的《织锦回文诗序》所载，窦滔因英勇善战而屡建战功，被封为秦州刺史，镇守今甘肃天水一带。但好景不长，窦滔因年少功高，被奸臣谗言陷害，皇帝苻坚将他判罪发配到荒凉的沙州（今甘肃敦煌一带）戍边。苏蕙与丈夫海誓山盟，今生今世永不分离。后来苻坚图谋灭掉江南东晋，窦滔又被重用，封为安南将军，镇守襄阳。窦滔在异乡遇到一位能歌善舞的女子，名叫赵阳台，将她纳为宠姬。远在家乡的苏蕙却独守空房，日夜面对浩渺天空思念丈夫，吟出了无数相思的情诗，只可惜无法一一寄给丈夫。当她听说了丈夫纳妾的消息后，恍若遭了晴天霹雳，悲痛欲绝，满腹相思之情化为诗思。苏蕙为了挽回丈夫对自己的爱情，她把自己多日来吟成的思念的诗篇，构思成一组奇特的回文诗，织在一块手帕上，这块手帕上的诗分别用红、黄、蓝、黑、紫五种丝线织成，手帕八寸见方，以841个字变幻出7958首诗，寄赠给身处遥远边关的丈夫窦滔，倾诉自己对丈夫的一片深似江海的相思之情。窦滔被妻子的这片痴情深深打动，于是便回心转意，遣赵阳台回关中，与苏蕙破镜重圆。

[清] 沈銓《苏蕙像》（局部）　现藏处不详

　　苏蕙把她织在手帕上的诗命名为"璇玑图"。"璇玑"原意是指天上的北斗星，她之所以把自己的作品取名为"璇玑"，是因为这幅手帕上的文字图形以颜色排列成像天上的星辰一样玄妙图案，这幅织锦图寓意着她对丈夫的爱情就像星辰一样深邃不变。这是一首藏头藏尾诗，是典型的回文诗，犹如一幅密码情书，一般人看不懂，只有心有灵犀的心上人才能看懂。这极其含蓄的一种爱情表达方式，很符合古代东方女性的思维特征。

　　这篇"五彩相宣，莹心曜目"的"璇玑回文诗"总共841个字，纵横各29个字，纵、横、斜、交互、正、反读或退一字、迭一字读都可以成诗，有三、四、五、六、七言不等，绝妙至极。这首诗广为流传，苏蕙以艺术化的手法为唤回真爱所做的努力凄美动人，这个不平凡的故事也流传至今，可谓千古绝唱。苏蕙因此而被称为是魏晋时期的三大才女之一，也是回文诗之集大成者，更是中国历史上最早的织锦女工艺家。

陕西服饰文化

一方水土养一方人，一个地方出了这样一个才情卓著的女子，给家乡人带来了无限荣光。据陕西武功、扶风一带的地方志等资料记载，后人为了纪念苏蕙和窦滔，在法门寺西北的法门镇建了一座照壁，中央是一块青石板，上面刻着一个纵横各29字合为841字的文字方阵。人们把她在法门寺镇住过的小巷取名为"织锦巷"，并专门为她修了"织锦台"；她漂洗过丝线的渠池被命名为"绫坑"；在她送窦滔去流沙的法门寺的北门外城墙上，还用砖刻了"西望绫坑"四个大字以及"苏氏安机处"五个小字；以青石一方上面刻"璇玑图回文"，嵌镶在北门照壁中间，供人们观赏。在离城门大约十多米处，还建有一座照壁，照壁上刻有"武镇秦国"四个大字和"安南将军遗址"六个小字。但这些遗迹后来被毁掉，今已不存在。被当地人称作洗锦池的缭绫坑在织锦巷北城门外西侧一百多米处，据说是苏蕙织锦时洗锦的地方，现在已经变成一块低凹的庄稼地。与织锦台相关的遗迹是窦滔墓。窦滔墓位于扶风县城门外漆水河东岸周秦坡村南。这座墓在解放后平整土地的时候被毁掉了，清朝乾隆时陕西巡抚毕沅书写有"前秦安南将军窦滔墓"的石碑被埋于地下，只露出碑头在地面。1983年宝鸡市文物局在原地恢复了窦滔的墓堆，并把石碑周围的土挖开，方露出碑身。

苏蕙在手帕上织出"璇玑回文诗"，不但创造了文学上的奇迹，而且也创造了纺织上的奇迹。她将织锦与诗结合，也促进了秦地纺织、刺绣的发展与兴盛。苏蕙和窦滔离合悲欢曲折而又感人至深的爱情故事影响十分深远，并对后世关中男女的爱情婚俗产生了巨大的影响，经过多年的传承演化，逐渐形成了关中独特的民间风俗。在今武功、扶风一带及关中西部各县，男女青年初次相见时，女子若相中男子，会郑重地送给男子一块自己精心织出的漂亮的手帕。新婚时，女方还会织出三色以上的花手帕，分别赠送给婆家的亲戚、邻居或朋友，用意在于让丈夫不要三心二意，对待妻子的爱情要专一。这种做法后来逐渐形成了传统的关中地方婚姻礼俗。

唐代关中刺绣更加发达，天宝年间（742-756年），专供杨贵妃的织

[元代]管道昇（赵孟頫之妻）小楷书《璇玑图》回文诗（《局部》）现藏处不详

绣工就达七百多人。唐玄宗过生日时，宫中乐舞献寿，宫女衣襟各绣一大团窠，绣随衣色，色彩艳丽，先以笼衫遮盖，随后突然现出，令观者惊艳不已。唐代的刺绣实物有一批珍品出自扶风法门寺地宫，共有九件，都是衣服和绣袱，多为盘金、盘银，有平针、珠绣等多种针法。英国不列颠博物馆至今还保存着唐代刺绣珍品，有佛像，还有绣衣、袈裟、绣袋等日常服装饰品。由于唐代尊佛盛行，佛像刺绣最丰富、最著名的作品是"灵鹫山释迦说法图"，中央绣着释迦牟尼立像，身披红色袈裟，左手执襟角，右手下垂，上有宝盖，周围金光闪闪，并有山石环护，制作精湛，恢宏壮观。刺绣用的是缉线针绣轮廓，短套平针与缠针接针结合绣像身，这是一种创造性的绣法。唐代是刺绣针法大发展的时期，有抢针、擞和针、扎针、盘金、平金、钉金箔等。特别是抢针、擞和针的出现使刺绣有了退晕效果，再加上各种平绣法的配合，使人物、景物等的纹理、质感等空前逼真。唐代以后，刺绣分为两路发展：一是刺绣由绣佛像转化为绣名人书画的画绣；另一种是以服饰为主体的饰品刺绣。这两者并驾齐驱，平行发展，直至今天。除了绣佛像，还绣经文，名家有卢眉娘，据唐代武功人苏鹗在笔记小说《杜阳杂编》中说，卢眉娘"能于一尺绢上，绣《法华经》七卷，字之大小，不逾粟粒，而点画分明，细如毛发。其品题章句，无有遗阙"。卢眉娘还会在手中做"飞仙盖"，"以丝一缕分为三缕，染成五色，于掌中结为伞盖五重。其中有十洲三岛，天人玉女，台殿麟凤之像而外，执幢捧节之童，亦不啻千数。其盖阔一丈，称之无三数两"。[1]传说卢眉娘最后成了神仙。对唐代刺绣的精湛工艺，历史文献、文学作品、传说中都有所反映，李白"翡翠黄金缕，绣成歌舞衣"，白居易"红楼富家女，金缕绣罗襦"的诗句是对其美好的描绘。晚唐诗人温庭筠在《织锦词》中写道："簇簇金梭万缕红，鸳鸯艳锦初成匹。锦中百结皆同心，蕊乱云盘相间深。"诗人以他的生花之笔描绘了唐代织锦的盛况，其中也透露出织锦工的繁忙和艰辛，图案的复杂也略见一斑。

两宋以后，刺绣向画绣发展，用针纤细巧妙，针法细密。明代项子京在《蕉窗九录》中说，"宋之闺绣画，山水人物、楼台花鸟，针线细密，不露边缝。其用绒只一二线，用针如发细者为之，故眉目毕具，绒彩

卢眉娘石刻像

1. ［唐］苏鹗：《杜阳杂编》，见《中国纺织文学作品选》，济南出版社，1991年，第134页。

陕西服饰文化

夺目，而丰神宛然；设色开染，较画更佳"。[1] 宋代更精彩的刺绣是"双面绣"，这是对中国刺绣的新贡献，但由于成果都在江南，不在我们陕西，所以不再赘述了。

明清刺绣是中国刺绣史上的巅峰时期，传世作品多，著录广博，宫廷刺绣和民间刺绣分业明晰，刺绣中心均在南京、苏州、杭州一带。而明代是刺绣向全国发展的良好时期，催生了著名的顾绣、韩媛绣等。清代刺绣进一步发展，逐渐形成了"北壮南绣"的不同风格。以地域特色为标志的各地刺绣竞相争锋，形成了天下公认的苏绣、蜀绣、湘绣、粤绣、汴绣、鲁绣等名绣。陕西刺绣属于"北壮"风格，但并没有形成自己的绣风。

清代以来，陕西刺绣有所发展，如绣荷包、香包、烟袋、帕袋、背包、兜肚、枕头、幼儿帽子、鞋面、鞋垫等，名类繁多，多出自农村妇女之手，主要运用在传统婚俗和儿童服饰上。图案新巧的花鞋垫，成为闺秀寄托情思的"信物"；绣满吉庆图案的方绣花枕，则是年轻女子必备的嫁妆。成人的花卉图案枕头、孩子用的动物枕头多用彩色布制成，形象生动。动物、人物、花鸟、草虫、瓜果、戏剧、神话故事、传统吉祥图案等，都可作为题材。民间刺绣在施针用线和配色上不拘一格，以服从各种主题之需要，而各得其宜，以奇异的想象，充实饱满的构图，鲜艳强烈的色彩，构成陕西刺绣的一个基本格调；利用晕针、切针、拉针、沙针、挑针等几十种不同的巧妙针法，借助丝线粗细、颜色的差别，线色的光泽，表现出五彩缤纷的图像；将绘画笔法与刺绣针法融会贯通，色彩明快，层次清楚，反映了西北人淳朴乐观的性格和多姿多彩的生活习俗。

改革开放初期，陕西周至县哑柏镇周围的村庄出现了刺绣热潮，妇女们刺绣床单、枕头、墙围子、床围子、炕围子、电扇罩、电视机罩、洗衣机罩、手帕、背包、香包、兜肚等，每到有集市的日子，哑柏镇就人潮攒拥，各种刺绣品摆满大街两旁，人人挑选，一些有商贸意识的人将刺绣品

1. 转引子自张沛石：《学林漫步 二集》，中华书局，1981年，第164页。

收集起来，运往外地销售。村庄里家家都有绣花机，家里有几个女人就有几台绣花机，女人越多的家庭经济收入就越高，甚至男人们也学着绣花，要不就做饭做家务，好让女人腾出更多的精力绣花，以求更多的收入。过去此地风俗男人不做饭，更不做针线活，现在刺绣搞活了经济，男人们也干起了女人的灵巧活。这样的景象持续了十多年的时间，后来由于哑柏镇刺绣没有严守质量关，做工粗劣，甚至偷工减料，破坏了商业规则，最终断送了前程，这是值得深思的。

近几年，陕西千阳、洛川等县还出现了创新的"毛绣"，是选用粗麻布作底，用粗毛线引绣，借鉴民间剪纸、年画中的图案特点，造型夸张，用色大胆，被誉为中国的"新壁挂"。西安的穿罗绣也以它的清秀典雅，独具风采，受到中外人士的赞赏。这些都是秦绣的组成部分。

在秦巴之间的汉中流行着挑花、架花刺绣，内容丰富，针法工雅，图案精巧，其用途适合于小件绣品的边花，比如领口、袖口、裤脚及枕巾、床围、门帘、帐帘、台布等的边花及角花刺绣，或在游花中和其他针法参合作为填充图案，逐渐形成了一整套组合绣品的图样及格式。它是依照平

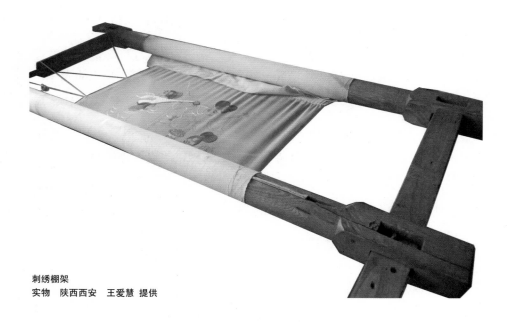

刺绣棚架
实物　陕西西安　王爱慧　提供

王爱慧《半坡姑娘》(穿罗绣作品)
作者王爱慧为西安市刺绣师。该绣品在传统穿罗绣技法基础上，采用纳纱绣技法，将繁复精细的图案绣在轻透薄软的纱布上，造成浮凸的效果。

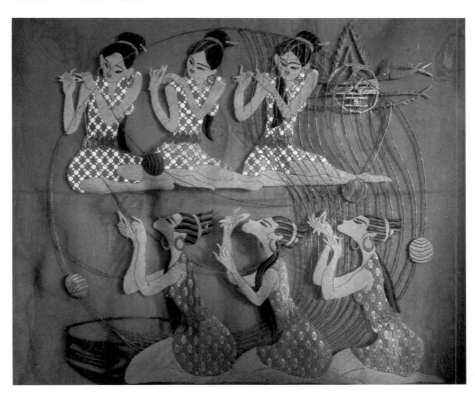

布经纬线路，朝左右两个方向平行运行针法，针码可按图样的需要有短有长，产生的花纹正面和背面一阴一阳，深浅变化相反，多为二方连续或均衡的图案组织，有团花、方花、树花、瓶花、盆花、花篮及其他人物景物等。朴实美观，犹如变形的美术。

秦绣是陕西的传统刺绣，起源于关中民间古老的"纳纱绣"和"穿罗绣"，是陕西当代刺绣艺术品牌之一。秦绣以产地特有的悠久历史和传统文化为题材，在充分吸收民间刺绣的基础上创立，是继我国"湘蜀粤苏"四大名绣和众多地方刺绣之后出现的一朵绣苑奇葩。

秦绣不同于传统刺绣的长针掺线，是在真丝纱络上用丝线依照经纬网眼施针，一孔一针或几孔一针。由于针的走向不同，使图案花纹，画面变幻多端，花中套花。针法的不同使绣线产生不同反光，同一色线形成不同的色彩效果，彰显出真丝线材质的缤纷美感。秦绣中小花纹的微妙变化与大块面色彩经常对比运用，使画面生发出层次感和立体感，增加了整幅绣品格调的瑰丽典雅。秦绣的另一特点是：设计稿从属于针法，设计为制作服务，绣品的图案以针法显示深浅、远近、虚实的效果，使秦绣具有不同于绘画和摄影的时空趣味以及装饰韵味。秦绣在制作时严格依网格施针，风格上与苏绣、蜀绣相比虽较为粗犷，但针法也非常细密、严谨，多绣或少绣一格都无法将纹样继续绣下去，是纯手工精制的高档工艺品。秦绣色彩多采用块面对比，古朴典雅，鲜活艳丽，具有黄土高原豪放凝重的艺术风格和美学情调。

秦绣大师张漪湲是陕西刺绣界的一张名片，她设计的刺绣作品大型真丝壁挂《唐乐舞》，现今挂在人民大会堂陕西厅。这件纯手工绣制的艺术品具有浓郁的陕西文化特色，画面精美流畅，人物栩栩如生，唐代乐人跳动的舞姿给人以充分的动感视觉，让人对"秦绣"艺术心生向往。"纳纱绣"是陕西传统民间刺绣，在陕南、关中广为流传。20世纪70年代，西安市工艺美术工作者，对流传民间的陕西省古老绣种"纳纱绣"和"穿罗绣"进行了挖掘、整理和研究，并创立了新的绣种——秦绣。当时30岁出头的张漪湲女士以秦绣针法绣出了第一幅作品《夫妻识字》壁挂，此后，她不断摸索创作，完成了一系列绣品，使秦绣艺术发扬光大，她的多幅刺绣作品被西安大唐芙蓉园芳林苑宾馆收藏。

关中西部刺绣被称为西秦刺绣，经过历代绣女的传承和不断改进创新，最终形成了平绣、悬绣、绣拼、缝制等多种方式结合的工艺技巧，可谓造型夸张、构思巧妙、风格奇美、色彩鲜明，表现内容包括传统的吉祥图案、龙凤狮虎图案、花鸟虫鱼图案、戏曲故事以及民间传说图案等，现在已成为国家非物质文化遗产保护项目，受到社会各界重视。

陕西省当代秦绣工艺大师
张漪湲

张漪湲《夫妻识字》（秦绣作品）

张漪湲《兄妹开荒》（秦绣作品，曾获全国刺绣大赛金奖）

张漪湲《梵音》（穿罗绣作品）

陕西人的鞋袜

鞋袜在古代统称为足衣，是服饰文化很重要的组成部分。《世本》记载，"于则作扉履"，三国时南阳人宋忠注释说，"于则，黄帝臣，草屦（娄左边有双立人）曰扉，麻皮曰履"。远古时期人们大都赤足而行，在商周时期，人们对穿鞋非常重视，把鞋称为"屦"或"履"，传说周代还设有掌管王和王后穿鞋的"屦人"官职，《周礼·屦人》解释："屦人掌王及后之服屦。为赤舄、黑舄、赤繶、黄繶、青句、素屦、葛屦。"[1] 后来鞋子发生了很大的变化，出现了靴子、木屐等形式。近现代以后流行的主要是布鞋、皮鞋、靴子、毡鞋、塑料鞋等。

陕西人制作传统的手工布鞋先要打"褙子"，即把各种布片用浆糊粘在一起，积到大约半寸厚，贴在门板上，放在太阳下晒干，然后根据家里各个人的脚型大小，裁剪成鞋底，再用白布把着地的一面用浆糊粘起来，白布边子要粘到鞋窝里，再用白线捻成的绳子纳鞋底。

扉　音费，草鞋、麻鞋称扉。

履　鞋，偏重于革履。

繶　音艺，丝绦，鞋子上圆浑的丝带。

---

1. 孙诒让：《周礼正义》，中华书局，1987年，第620页。

纳鞋底是既很费时间又很费劲的工序，因为在鞋底要纳出各种花样，比如疙瘩花、枣花、柿子花、一般均匀针脚等等。手巧的女子能纳出更多更复杂的花样。

打褙子

带有花纹针脚的布鞋鞋底

纳完鞋底，就要做鞋帮子，鞋帮子也很讲究，可以用粗布、细布、洋布、花布做，可以用条绒布做，也可以用平绒布做。鞋帮子一般都是以圆口为主，也有方口的。鞋底子、鞋帮子都做好了，再上鞋，就是把鞋底子和鞋帮子用绳子缝在一起。上鞋也是很费劲的活儿，需要手劲大，否则就上不好鞋。北京著名作家刘庆邦有一篇小说叫《鞋》，写一个年轻女子订婚后，就想着给自己未来的丈夫做一双鞋，她挖空心思想给鞋底子纳什么花样，最后发现枣花很好看，就纳出了一双枣花鞋底，然后精心做成一双非常漂亮的布鞋，并在一个明朗的月夜送给自己心爱的人。这个男子很珍惜这双布鞋，舍不得穿，揣在怀里，拿回家，后来又带到城里，一直没舍得穿。再后来，他决定在城里重新找媳妇，就把这双鞋还给了这个女子。过去，北方农村订了婚的女子都很讲究要给自己心爱的人做一双鞋，这是展示和考验未婚女子女红非常重要的环节，男子对自己未来的媳妇能不能做一双好布鞋也很在意。

只要每逢下雨天，农村的道路总是泥泞不堪。过去人们都穿布鞋，泥水路一下子就会把布鞋弄得湿透，所以人们总渴望能有一双胶鞋。家庭条件好一点的能买起胶鞋、球鞋或者解放鞋，条件更好点的可以买高筒胶鞋，下雨天就不怕泥水，条件差的就自己做一双泥屐，但是穿泥屐走路要非常小心，走不好会崴了脚或摔跤。笔者老家有一位年长的高辈人在外地谋生，他家的女人很精心地给他做了一双漂亮的布鞋，他出门时遇上下雨天，舍不得穿着新鞋子在泥泞的村路行走，于是把鞋子揣在怀里，赤着脚走到镇上去坐汽车。

女子的鞋不仅鞋底花样多，鞋帮子也比男鞋更花哨，用花布、丝绸甚至锦缎做成，更讲究一点的还要给鞋面上绣花，所以，女鞋不但小巧玲珑，而且样式美观。女鞋有圆口的也有方口的，以方口为主。里面脚踝处还要做一条鞋带，绕过脚脖，在外脚踝处扣上扣子或"鞋袢"，这样起固定作用，穿上走路、跑步都不会掉的。

小孩子的鞋样式更多，用各种鲜艳颜色的布给孩子做鞋，鞋底比较软

手工鞋垫
实物　陕西凤翔　郭春燕　提供

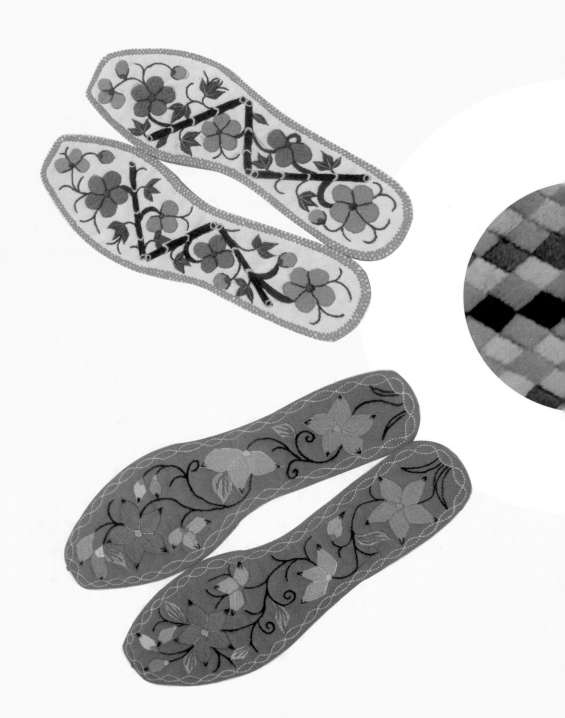

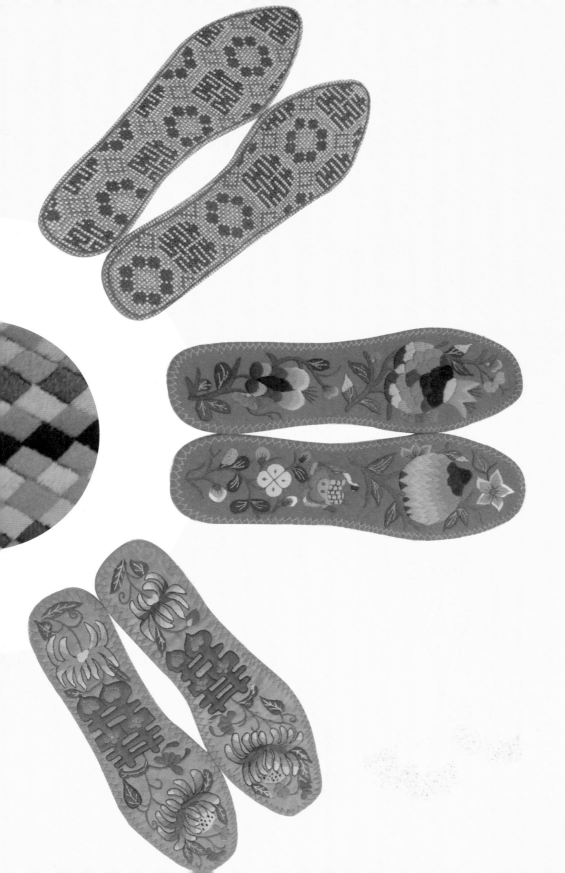

而且轻便，孩子走路显得机敏、灵巧。孩子的鞋有老虎鞋、狮子鞋、狗头鞋、猪鞋、猫鞋、兔鞋、鸟儿鞋等，有的人家还给孩子鞋头上缀上一撮红缨子，走起路来晃晃闪闪，很好看。孩子的鞋都有鞋带，起固定作用。

陕西人习惯在传统布鞋里垫鞋垫。鞋垫做成各种花样，有鲜花图案，有动物图案，也有文字图案。

过去的新鞋一般都做得比较紧小，因为布鞋有松紧度，穿得时间长了，就会变松弛。鞋做好后，先要把鞋楦子砸进鞋窝里进行定型，也起一个撑大的作用，穿鞋时需要用力，所以穿鞋需要一种辅助工具，叫"鞋拔子"，或"溜子""鞋溜跟"，一般都是用铜做的，形状是带弯度的弧形，和脚后跟吻合，每次穿鞋时必须用鞋拔子往上拉着穿才能穿上。鞋拔子手持的地方有小孔，用来穿绳子环，平时挂在屋里的墙上，家家都有这样的工具。

在陕西，特别是关中的个别地方，偶尔还能见到八九十岁以上的老太婆那一双三寸小脚，美其名曰"三寸金莲"。从五代南唐以来，我国兴起了妇女缠脚的习俗，宋代以后缠脚普遍流行开来。传说唐后主李煜有个宠

鞋拔子示意图

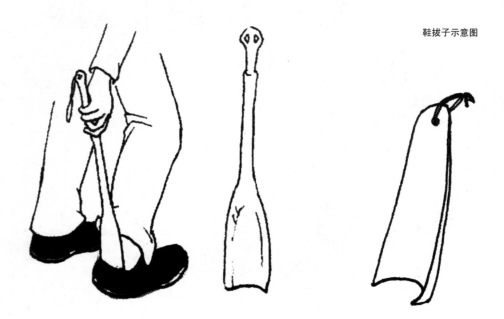

妃叫窅娘，她"以帛缠足令纤小屈上作新月状……由是人皆效之"[1]。窅娘能歌善舞，李煜特别喜欢歌舞，命人用黄金铸成莲花台，让窅娘在上面跳舞。窅娘用丝帛将脚缠裹成弯曲的新月一般，而且跳出凌云一般轻盈、飘逸的舞姿，其纤足犹如金莲之状。其后，南唐人都以小脚为美，称为"足下蹑丝履，纤纤作细步"。宋朝以后，缠脚风气弥漫整个社会，把小脚作为女子最美的标准。古代妇女小脚上穿的鞋子呈小小的弓形，也叫"三寸金莲"。表面看这是对妇女身体和体态的一种特殊造型，实际上是对妇女们残酷的折磨。缠脚风俗直到辛亥革命以后才渐渐结束。在整个陕西汉民族的历史上，妇女缠足风俗和全国其他地区一样，一直延续到了辛亥革命以后。

在陕北少数民族那里，妇女们并未完全承受缠脚的苦难。在古代，当人们都崇尚缠脚时，不缠脚的女人就没好日子过了，大脚成为最大的耻辱。很多地方都流行着不同的歌谣："缠小脚，嫁秀才，吃白馍，就肉菜；不缠脚，嫁瞎子，糟糠窝窝就辣子。""一个大脚婆，抬来抬去没人要。""做人要做大脚婆，吃糠咽菜当马骡，娘家嫌我脚儿大，婆家叫我大脚鹅，丈夫白天不同板凳坐，夜里睡觉各睡各。"有的地方形容缠脚女的苦难是"小脚一双，眼泪一缸"。有良心的知识分子早就斥责迫使妇女自幼缠脚"无罪无辜，而使之受无穷之苦难，缠得小来，不知何用？""今俗尚缠足，堪伤天地之本元，自害人生之德流，而后世不福不寿，皆因先天有戕"。[2]清代顺治、康熙、光绪年间，都有过禁止缠脚的规定，但却从来没有完全根除这一恶习，甚至缠脚的不良风习还影响到满族妇女。辛亥革命后，普天下的妇女放足弃缠，崇尚天足，这是使妇女获得解放，使他们回归自由本性的福音。

窅 音咬，古代形容目深有情。

1. ［清］钱载：《十国词笺》，世楷堂藏板影印版。
2. ［清］张宗法著，邹介正等校译：《三农纪核释》，农业出版社，1988年，第707页。

"三寸金莲"鞋袜实物组装标本
现藏于陕西师范大学妇女文化博物馆

袜子最早称为"足衣"或"足带"，袜子起到保护和美化脚的作用。《中华古今注》说："三代及周着角韈，以带系于踝。"[1]"角韈"是指用兽皮做成的最早的袜子，所以偏旁为"革"字，后来有了丝、布，所以"韈"演变为"襪"，最后简化为现在的"袜"。袜子分为筒袜、系带袜、连裤袜、分趾袜（也叫丫头袜）、光头袜、无底袜等。光头袜和无底袜专用于古代缠足妇女穿着，俗称半袜。

古人穿袜子也有很严格的礼仪规范，臣子见君主或下属见上司时，必须先将鞋袜脱掉才能登堂入室，否则就是失礼、不敬。《左传·哀公二十五年》记载了一个故事，有一次，卫国君主和大夫饮酒，褚师声子没有脱袜子登上了席子，触怒了卫侯，褚师声子惧怕惩罚，赶快逃到其他国家。平辈身份的人在室内相聚时，袜子脱不脱可以随意；和长辈或者位高的人在一起，就一定要光着脚，否则会受到斥责，并被视为没教养。清人赵翼《陔余丛考》写道："古人席地而坐，故登席必先脱其屦……然臣见君，则不惟脱屦，兼脱其袜。"[2] 这个讲究在民间也有所体现，古代女子在服侍公婆时也不能穿袜子，以跣足为敬。跣足就是不履不袜。在古代穿袜子是有身份的象征，贫苦的劳动人民很少穿着布帛做的袜子，常常光脚穿鞋。在20世纪七八十年代的关中农村，人们只在寒冷的冬天穿稍棉一点的袜子，春夏秋三季脚上很少穿袜子。早期的袜子基本都是用白布、黑布或其他颜色的布缝制而成，后来用毛线织成，再后来有了机器制造的袜子，丝袜、纤维袜多起来，布袜渐渐消失。

在城市，衣服、鞋都可以在店铺里订做或者购买，在部分农村地区则还延续着自家制作鞋袜的传统。有些人家做衣服鞋袜的手艺不精，就叫做

韈　音袜，袜的古体字。
跣　音先，赤脚。

1. 参见陈茂同：《中国历代衣冠服饰制》，新华出版社，1993年，第47页。
2. ［清］赵翼：《陔余丛考》，商务印书馆，1957年，第652页。

得好的人家做，或者给人家干别的活儿，以工换工，或者付给人家工钱。在旧时陕西农村，常常能看到女人们聚在一起探讨做衣服做鞋子的技艺，特别是做鞋子的年轻媳妇聚在伙伴家，一边纳底子，一边说话，不会做的地方互相请教。

现在，由于城镇化和人们生活的快节奏化，手工做鞋的景象只能在局部农村地区见到，在很多地方特别是年轻人群中已经很难见到了。

余 论

衣冠服饰是人类生活中最为重要的内容之一,我们把人们日常最基本的生活内容分为四大类,即衣食住行,这是关乎到每个人每天必然涉及的生活方式。在衣食住行中,"衣"居于首位,这是不无道理的,人们可以暂时没有居住的地方,人们可以几天不吃饭,人们可以很长时间不出行,这都不影响人们基本的生活,但人在社交状态下,几乎无时无刻不可以不穿衣服。人是有尊严感和羞耻感的,如果有谁白天出门敢不穿衣服,不是神经不正常(比如傻子、疯子),就是有惊人行为或遭遇特殊的情况(比如裸奔、裸体抗议或被人扒了衣服)。穿衣是文明的表现,穿衣是对自己的尊重,也是对别人的尊重。

服装伴随着人类历史的发展而发展,伴随着生产力水平、经济基础、物质文明、社会风俗习惯和审美意识的演进而同步演进。所以,我们通过对于服装的考察、研究,可以帮助我们对人类发展、进步的各个历史时期的文明情况进行较客观的观览。因此,有人说,服装的发展演进,是社会发展演进的晴雨表,社会发达、开放了,服装就表现得华丽、奢侈、无拘无束;社会衰退了,服装就显得拮据、保守和内敛。

一个民族有一个民族的服装,这是不争的事实;一个时代有一个时代的服装,这也是历史证实了的;一个地域也应该有一个地域的服装,陕西服装发展的历史证明了她曾经有过自己的地域服装,还不是一种,而是数种。但后来随着历史的巨大变迁,作为具有鲜明地域特征的陕西服装,早已失去了自己的个性与本色,这不是陕西这个地方的遗憾,而是历史发展演变导致的必然结果。但是值得庆幸的是,陕西却给我们留下了更多值得书写的服装的内容。

在中国服装学科和服装史的领域,还没有一本专门为一省所写的服装文化或历史,而陕西由于历史的特殊历程和文化的特殊积淀,早已具备了为她写一本服装文化与服装发展历史的条件,这是一个需要填补的空白。

陕西这片热土不同寻常,其深厚黏重的土层、肥沃富庶的土质,高峻而苍茫的大山形成天然屏障,丰饶稠密的河川水网,构成了繁荣肥美的关中"天府"平原，在这自然天赐的美好土地上，十三个朝代在这里建都，给这里带来了无限发展、不断崛起的机遇，但是，朝代的更替兴衰，也给这里带来了灾难频发的不幸，随着历史上中国政治、经济、文化的中心最终向东转移，辉煌与灿烂的光晕不再持续。

陕西的历史发展，是中国历史发展的一个组成部分，也是人类历史发展的一个组成部分；陕西的社会状况，是中国社会状况的一个组成部分，也是人类社会状况的一个组成部分，所以陕西的服装，是中国服装的一个组成部分，也是人类服装的一个组成部分，而且是非常重要的组成部分。陕西的服装发展演变，和陕西的历史一样，曾经出现过辉煌灿烂的局面，曾经引领过中国历史、中国服装的潮流。传说中的炎黄二帝，其活动区域均在陕西关中西部一带，关于蚕桑的传说故事、关于上衣下裳起源的故事，关于胡曹做衣的故事，都与陕西这块神奇的土地有关。有确凿历史记载的周秦汉唐等强盛朝代，曾经是中国历史上最为辉煌璀璨和有影响力的不寻常的时期，这时期的服装，就代表了中国服装的最高成就和最前沿的水平。从周代就已经出现的帝王以及王公贵族的冠冕服装、冕服上的十二章纹图案，贵族们所穿的玄衣、衮衣、黄裳、绣裳以及腰间常常系束一条宽宽的绅带，腹前系着一条装饰性的韨等，而平民服装则以短衣紧袖为标志。秦汉时期的袍服、禅衣、襜褕、襦裙、步摇、巾帼、彩胜、巾幅、戎装铠甲，秦兵马俑所提供的阵容庞大的戎装实物，极具震撼性。始于汉代的以宽博阔绰著称的汉服样式延续千年，其魅力至今还对今人产生着影响。幞头纱帽、圆领袍衫、妇女以胭脂化妆、冪籬帷帽、半臂披帛、百鸟毛裙、石榴裙、文武官员服饰上的飞禽走兽图案等，这些各具特色的传统服饰，都在陕西的土地上诞生，它们代表着中国古代历史发展不同阶段的服装样式，熠熠生辉，光芒耀眼，辉映着中国服装历史的天空。

总而言之，陕西的服装是值得称道和书写的，是有悠久、漫长而且厚重的历史底蕴的，它已在整个中华服装的历史上留下了浓墨重彩、不可磨灭的绚丽篇章。

后

记 我有一个夙愿——把陕西的服饰作为专项内容写出来，形成一个独立的成果。为此我酝酿了很久。但是我也有顾虑，现在写书并不难，难的是出版。2009年年初，我们学校主管科研的一位领导，非常关心从事科研教师的工作和发展动向，他热忱地为我牵上了一条线，帮助我和陕西一家非常有名、而且很有实力的文化投资集团建立合作关系，希望能在产学研方面出一些成果。从那年春节到暑假，这位领导多次亲自出面，领着我和这家文化投资集团交谈，最终达成一个合作项目，就是由我负责研究撰写一部唐代服饰文化的专著，再由文化投资集团投资出版，同时在研究唐代服装和出版专著的基础上，成立唐装研究会，如果以后能够产生广泛的社会影响，再发展和成立国服研究会。我当时很兴奋、很激动，对这件事充满了信心，决心先进入研究，拿出成果，再以实际成绩促成学校和文化企业的合作，推动服饰文化研究事业。那一年上半年，我把所有精力都投入到唐代服饰文化研究中去了。从春节开始，我搜集了大量唐代服饰和文化方面的资料，走访了不少专家，拍摄了相关的服饰图片。从3月份正式进入写作中，到8月底终于完成了整部书稿。但是在和这家文化投资公司商谈出版事项时，却出现了变化，文化投资公司希望和我们学校进行更大范围的合作，由于没有达成共识，这本书稿至今还无法出版。

山重水复疑无路，柳暗花明又一村。2011年，我想把唐代服饰研究和唐装研究结合起来，考察一下唐装在国外华人及外国人着衣方面是否有影响。2012年5月中旬，在学校的支持下，我终于成行，踏上了美国的土地。在华盛顿的大街上，我们碰见一位任职于政府的女士。彼时她身着绛红色绣金花卉图案的短袖唐装，下身穿着竖条纹的中式黑裤，正从我们身边经过，我赶快拦住了她，和她进行了短暂的交谈。我问她穿的是什么衣服，她说是唐装；我又问她，唐装是哪国服装，她说是中国服装；我再问她为什么选择穿唐装呢，她说很喜欢中国文化，所以特意在服装店订做了这身唐装。在俄克拉荷马和堪萨斯两所大学访问时，我们多方询问了人们对唐装的看法，受访者均对唐装表现出一定的了解和浓厚的兴趣。这说明，我们的民族服装伴随着民族文化流播海外，为众多喜爱中国传统文化的人士所接纳。

20世纪80年代我国实行"改革开放"政策之后，西式服装潮水一般涌进我国市场，西服、夹克衫、喇叭裤、烫发、蛤蟆镜一夜之间风靡整个社会，顷刻之间，中山装不见踪影了，军便装消失了，唐装更像出土文物一样，无人问津。甚至连年轻人结婚也不穿象征热闹喜庆、吉祥如意的红色中式婚服了，却穿上了白色的西式婚纱。中华民族传统服饰仿佛被抛弃到九霄云外。但是我坚信，有朝一日，中国传统服装一定会回归到我们的生活中来的。2001年，APCE会议在上海召开，中国领导人偕同参会的美、俄等国领导人穿着唐装亮相于大会，成为大会一个亮点，唐装风潮再次席卷全球，成为2001年到2005年间世界服装潮流中最有影响的服装样式之一。

大约从10年前，在一些年轻人中兴起推行穿汉服的热潮，他们不但在校园穿汉服，甚至穿着汉服走上大街。2008年青岛出版社出版了北京服装学院蒋玉秋、王艺璇等人合作编著的《汉服》一书，这本书的序言中说："稍微时尚一点的人，大都谈唐装色变。……我们原来概念里的唐装，很多已经混迹于宾馆饭店服务员的工作服装了。"对于这样的说法，我持很大的反对意见。唐装是我们民族服装文化的一个重要符号，它曾经产生过那么大的影响，虽然现在热潮过去了，但不能这样冷落它，甚至对它进行这样不合适的评价，即使在推行汉服之时，也不能厚此薄彼。汉服、唐装都是中华民族服装对世界的贡献，是我们民族的骄傲，要同样重视。2012年冬以来，新一届领导人习近平在视察工作时穿着中山装出行，2013年初，彭丽媛随习近平出访俄罗斯、坦桑尼亚、南非等国穿着国产品牌服装，对中华民族服装产业起到极大的激励和推动作用，在国内外得到舆论界极高的评价。所以我们的民族服装在世界领域再次引起瞩目。

不管是唐装还是汉服，这些服装的名称或者款样，都和我们陕西服饰文化有关系，以"汉"为标志的文化不但成为中国文化的代名词；汉字、汉语、汉学、汉服等等，也都成为中国文字、语言、学术、服装的标志。产生于汉唐时代的灿烂辉煌、多彩多样的服饰样式，都是中国服装走向世界的典型代表。汉王朝、唐王朝都是以陕西为京畿之地即核心地域的。因此，近年来，我把主要精力放在了中国传统服装文化的研究上。2012年7月，在学校相关领导的重视、关心和支持下，成立了以我为负责人的服装文化研究所，这是对我极大的鼓励和鞭策，我对中国服饰文化的深入研究更有信心了。梳理陕西服饰文化的发展过程，对于弘扬中国民族传统服装意义重大。

2013年夏天，陕西师范大学出版社的编辑找到我，和我谈起想合作出版《陕西服饰文化》这本书的意向，我立即应承下来。这是为陕西服饰树碑立传的好时机，值得写作的内容很多。况且目前关于服装文化的成果中，对于一个省份或地区的服饰文化进行专项研究的书目太少，《陕西服饰文化》的出版，也许会填补这个空白。

在写作调研中，我了解到，我们陕西民间有不少传统服装的爱好者，针黹女红更是传承有人。在西安有陈会安（陕西服装协会会长）、王丕俊、屈志华、丁凤奇、刘会霞、岳庆兰等老人，他们所设计制作的传统服装，在陕西服装界名声很大，口碑也很好。千阳县的杨林转、长安区的王蒲芳、扶风县的玉文姐、高陵县的刘氏、临潼区的姜氏等，都是民间手工制衣的高手，特别是杨林转，其手工服装和刺绣作品多次在国际民间服装展览会中获得奖项，为中国民间手工传统服装走向世界做出了贡献。对于传统服装的热爱和执着精神，正是传承的真谛所在。

本书得以完稿付梓，要感谢陕西师范大学出版社冯晓立社长的信任与垂青，感谢编辑们所做的具体联络和统稿工作。还要感谢我校冯涛老师的牵线搭桥，感谢在调研中给予热情帮助的陕西省服装协会的王平秘书长，西安群众艺术馆王智副馆长，西安工程大学刘静伟教授、顾朝晖副教授、袁燕副教授，学生刘婷婷，以及为我提供帮助与便利的刘秀贤姨姨，丁凤奇先生，王建强、王海君同学，陕北杨老大服饰股份有限公司陈艳荣副总经理，渭南郝氏家纺有限公司郝爱存总经理，咸阳苏绘民间手工工艺精品专业合作社赵哲董事长及刘波经理。

笔者限于才疏且见闻拘囿，在调研和写作过程中，难免有疏漏之处和片面见解，在这里谨向广大读者朋友致以歉意，望读者提出批评并指正。

2014年2月10日